凉山彝族服饰文化与工艺

苏小燕·著

中国纺织出版社

内 容 提 要

作者以踏访大凉山地区的亲身经历和数千幅图片资料为素材，结合田野考察的体验，全面而立体地架构了凉山彝族服饰的纵向文化历史和横向地区差异概貌。全书共有七章，以凉山彝族自治州三大方言区服饰为写作的脉络，从发式、头衣、头饰、服饰配件、足衣等方面对凉山彝族的服饰进行全方位地剖析和介绍，同时记录和展示了凉山彝族服饰制作工艺技法，并从文化人类学的视角解析了凉山彝族服饰色彩、纹样以及服饰在彝族民俗生活中的意义和作用。

本书适合高等院校服装专业师生、民族服饰文化研究者、少数民族服饰工艺研究者及民族博物馆工作人员等阅读参考。

图书在版编目（CIP）数据

凉山彝族服饰文化与工艺/苏小燕著. —北京：中国纺织出版社，2008.12（2014.8 重印）

ISBN 978-7-5064-5101-7

Ⅰ. 凉…　Ⅱ. 苏…　Ⅲ. 彝族—服饰—文化—凉山彝族自治州　Ⅳ. TS941.742.817

中国版本图书馆 CIP 数据核字（2008）第 167518 号

策划编辑：郭慧娟　金　昊　　责任编辑：魏　萌

责任校对：陈　红　　责任设计：何　建　　责任印制：陈　涛

中国纺织出版社出版发行

地址：北京市朝阳区百子湾东里A407号楼　邮政编码：100124

邮购电话：010—67004422　传真：010—87155801

http：//www.c-textilep.com

E-mail：faxing@c-textilep.com

中国纺织出版社天猫旗舰店

官方微博 http：//weibo.com/2119887771

北京新华印刷有限公司印刷　各地新华书店经销

2008 年 12 月第 1 版　　2014 年 8 月第 2 次印刷

开本：889×1194　1/16　印张：12

字数：151 千字　定价：68.00 元

凡购本书，如有缺页、倒页、脱页，由本社图书营销中心调换

前言

凉山彝族服饰，承袭了彝族先民服饰的风格特征，种类繁多，异彩纷呈，不仅有性别、年龄、盛装、常装的区别，还有婚服、丧服、“毕摩服”（祭司）、战服等专用服饰，作为一种地域物质文化，集中体现了凉山彝族的历史文化、社会特点、生活环境、审美情趣和宗教信仰等。这些在长期生产劳动、生活实践中积淀下来的民族文化精神，是凉山彝族世代相传的民族思想精髓和文化理念，是彝族文化的重要组成部分。彝族服饰中包含了彝族人的价值观念、心理结构、气质情感等在内的群体意识、群体精神，蕴涵着他们的民族文化基因和精神特质。同样，彝族服饰也承载了彝族人民奇思妙想的艺术创造、无与伦比的工艺技巧、独一无二的艺术表现形式，深深地打动人们的心灵、触动人们的情感、吸引人们的眼球。

制作服装的过程是用时间来完成的，而服装随穿衣人在空间行走，则是人的生活、生命状态的展现。基于此，凉山彝族服饰在穿着过程中也有很多细节需要我们去认真地发现、记录和研究，如三大方言区服饰在款式、穿戴方式、色彩、服饰纹样等方面均同中存异，且同一方言区也存在细微的差异，这些差异与不同的气候、生存环境、人文环境等有一定的关系。另外在服饰纹样上都喜用蕨岌纹、火镰纹、云纹、彩虹纹、锅庄纹等，遗留有较多游猎民族对火崇拜的痕迹……总之，凉山彝族服饰带给我们的是物质文化、非物质文化、制度文化及精神文化，是跨越时空的思考。

绵羊毛，彝人衣

2004年8月，笔者与朋友一起前往凉山的昭觉、布拖等地对彝族服饰进行田野考察，第一次零距离地接触彝族服饰，同时感受到了穿着美丽服饰的人们在那片土地上的生活。随着考察的深入，笔者被凉山彝族独特的服饰文化和奇特的民俗文化深深吸引和感染：在凉山彝区有一种有趣的习俗，每年给公绵羊剪毛时，颈部和臀部的毛留下不剪，据说是为了“好看”，但也含有对“阳性”的崇拜。绵羊的毛被制作成披毡、“察尔瓦”穿用在彝族人身上，这些情景反映出凉山彝族人在制作服饰时就地取材的特点，即人与大自然融为一体、相辅相成的生存关系。因此，绵羊毛、彝人衣，呈现的是人与自然共生的和谐关系。

凉山彝族数千年来服饰的原料都是用动物的毛、皮和植物纤维（如麻、火草等），经过“纺专”纺线，“腰机”织布，然后制作成服饰。其中“腰机”是纺织史上的活化石，其纺织而成的服饰品是最古老的手工织品之一，它储存了最原始的人类气息，因为它倾注了古人的智慧和他们对生活情思的期待，从而让我们感受到了先人的灵气，拉近了我们与先人的情感距离。这种工艺至今仍然在凉山彝区普遍运用，不禁令人感叹：一种工艺能延续几千年真是一个奇迹！在考察过程中，我们努力将自己融入凉山那独特的文化氛围和语境中去。坐在昭觉街边－3℃冰冷的地上，跟彝族妇女学习纺纱、腰机织布、剪纹样、绣花等技艺，心里怀着与彝家女一比高低的真实情感，从而使自己经由体验引发与其文化的情感共鸣。

绵羊毛、彝人衣，此景呈现出人与自然共生的和谐关系

服饰是流，文化是源

对于凉山彝族服饰文化的研究，不仅是服饰的研究，更是人类学的研究。凉山彝族服饰是在一定的物质和精神环境中产生的，是文化生态环境的产物，它们以千姿百态的形式表现在服装款式、色彩、纹样以及着装方式上，因而彝族文化才是其服饰文化的源泉。我们梳理服饰形式的演变过程，不仅能看到它目前的存在方式，更能追本溯源，更深一步地理解它的精神实质。

凉山彝族服饰是彝族人的“精神故乡”。由于彝族服饰是祖祖辈辈沉淀下来的最本源的文化，艺术已经渗入她们的生命和生活中，本能的需要将其抒发出来，在物质生活比较匮乏的现实生活中，更需要精神力量的充实。创作缝制服饰的过程寄托了彝族妇女对无限美好的情感世界的追求，他们在服饰上耕耘着自己的梦想，用服饰来抒发情感。因此，他们的服饰很自我、很本能，像大地一样淳朴、厚重，呈现出生活的原生态。

为了更深刻地体验彝族的服饰文化，在实地考察过程中，我们尽可能亲自穿戴。如戴过每一种款式的帽子后，才体会到荷叶帽不仅稳当舒适，还能遮阳、保暖；“瓦片”头帕戴在头上如玩耍顶碗魔术般，很是需要一定的功力。再如“察尔瓦”披在身上，如果它的绳穗比较长，容易拉扯起身边杂物，在日常生活劳作时有些不便利，但它的保暖功能良好，穿着方便，同时可兼做被子以及背背篓时的衬垫，实用性强。从这些细节中，我体验到了彝族人穿衣的生存状态和生活方式。

在拍摄图片的过程中，注重从自然角度出发，力图抓拍到穿着民族服饰的彝族人的真实而生动的形象，还原他们穿着服饰的现实环境以及人与服饰、自然环境之间关系的真实状态。

本书以介绍凉山彝族服饰工艺技法为主要内容，以穿着服饰的彝族人为载体，以彝族服饰文化为写作的核心主体，以细致详实的田野实地考察和体验作为写作的素材和前提，而不是仅靠主观臆想、理所当然地来“编写”内容。写书的过程是一个从搭建大架构开始，逐步增加内容使之丰满起来的创作过程，力争较全面而立体地架构凉山彝族服饰的纵向文化历史和横向地区差异概貌，在整部书的写作构思过程中，力争挖掘到凉山彝族服饰文化与传统汉族服饰文化的关联性以及其自身的特点。

希望这本书能为正在逐渐消失的凉山彝族服饰文化和制作工艺留下些许精彩、值得记忆的文字和图片，能为热爱和喜欢民族服饰文化的同行和朋友们，提供一个了解和研究凉山彝族服饰文化的平台，让更多的人从民族服饰文化中去感受其独特的美。

苏小燕

2008年9月于攀枝花

目录

第一章
凉山彝族服饰概述

彝族是我国少数民族之一，由于所居住的生态环境复杂，经济水平差异大，其服饰受社会、环境、文化的影响各有不同，表现在服装款式、质地、色彩、纹样上，就形成了鲜明的地域特征。其中，就凉山彝族服饰总体风格而言，男性服饰凝重大方；女性服饰色彩斑斓、图案生动，工艺细致而手法多样；儿童服饰明快活泼；老年服装古朴、凝重、宽松。概括之，凉山彝族服饰凝聚了朴质、厚重、宽博以及真与美的本质。

衣冠服饰是构成人类生活的主要物质要素之一，它除了满足人们生活的物质需求以外，又是人类文明的标志。在中国古老的神州大地上，56个民族携手奋斗数千载，共同创造了中华民族的文明史，其中一个重要组成部分即是服饰文化。服饰是构成民族文化的要素之一，是识别不同民族的重要标志，而不同的民族文化又创造了不同的民族服饰，不同的服饰又进一步丰富了不同的民族文化。同时，服饰也是一种有形的文化载体，一件简单的绣片，一个并不复杂的图案，都可能蕴藏着一个动人的故事、一段不同寻常的历史。服饰的起源和形成以及在结构和款式上的不断变换更新，既是长期的历史积淀，也是现实生活的写照。

不同的民族由于所处地理环境、气候特征、文化背景、宗教信仰、风俗习惯、审美心理以及生产力发展水平等因素，使民族服饰呈现出极其丰富多样的面貌。就地域来分，素有“南裙北袍”之说。南方气候温暖，服装款式多样，结构简单，装饰丰富，除了以丰富绚丽的纹样装饰服饰以外，更以大量的服饰品来美化身体，突出了南方服饰重装饰的风格特征。北方民族出于御寒的需要，创造出了保暖性能良好的大襟式袍服，服饰材料多以锦缎、皮毛、呢料、棉布等为主。每个民族之间服饰风格各异，甚至每个民族内部不同支系之间服饰也不尽相同，从而更加丰富了我国的服饰文化。

彝族是一个古老的民族，两千多年以前彝族人民就劳作生息在四川安宁河、金沙江两岸和云南滇池一带。据2000年第五次全国人口普查公布信息，全国彝族总人口达到776.23万人，总人口位居壮、满、回、苗、维吾尔、土家之后的第七位。现大多分布在四川、云南、贵州、广西等省或自治区，其中四川凉山彝族自治州是最大的彝族聚居区。

根据我国彝族地域分布、支系状态、语言分布及各地服饰特点，可将彝族服饰分为凉山、乌蒙山、红河、滇东南、滇西、楚雄六大类型。每一类型中又有几十种款式，每一种款式又有它独特的穿戴方式和艺术特色。

第一节　凉山彝族服饰文化背景

一、历史沿革

凉山，历史上也称老凉山、大凉山，是地理概念，也含有历史概念。凉山历史悠久，远在两千多年前的秦汉时期，中央王朝就在这里设置郡县，委派官吏进行管理。唐、宋、元、明、清在凉山先后设置了郡、州、司、府以及路、卫、厅、县等。秦汉以前称凉山为古邛都国或邛都部落，汉属越巂郡，隋唐称巂州，南诏称建昌府，元称罗罗斯宣慰司，明为四川行都司，清称宁远府，民国称宁属，凉山的历史沿革反映了不同朝代与中央政权的隶属关系。

1950年3月西昌解放，同年年底成立西昌地区专员公署。1952年4月政务院决定将西昌专区的大凉山地区划出，设立凉山彝族自治区（州级）。在1952~1977年，以昭觉为州府的凉山彝族自治州所辖的区域，又称老九县，即昭觉、美姑、金阳、雷波、普格、布拖、越西、甘洛、喜德这九个县。1955年10月撤销西康省，西昌、凉山改属四川省。1978年10月，撤销西昌地区，将所属米易县、盐边县，划归渡口市（现攀枝花市），其余八个县并入凉山彝族自治州。1984年4月，峨边县、马边县划归乐山地区。至1990年底，凉山州辖西昌市、德昌、会理、会东、宁南、普格、布拖、昭觉、金阳、雷波、美姑、甘洛、越西、喜德、冕宁、盐源、木里藏族自治县共 17 个县（市），首府设在西昌。

二、地理位置和气候

凉山彝族自治州位于四川省西南部，南至金沙江，北抵大渡河，东临四川盆地，西连横断山脉。境内地貌复杂多样，地势西北高，东南低。高山、深谷、平原、盆地、丘陵相互交错。

凉山州属亚热带季风气候。大部分地区四季不分明，但干温季明显，冬暖夏凉，夏季日照长，年平均气温 14~17℃；年降雨量 1000~1100 毫米；无霜期 230~306 天；素有“一山有四季，十里不同天”的气候特征。独特的地理和气候特点造就了他们服饰穿着由衫、罩衣、半袖、背心等多种款式的搭配组合，并有察尔瓦、披毡等一衣多穿的服饰特点。

三、人口与民族

凉山州面积 60114.6 平方公里。据 2006 年凉山彝族自治州国民经济和社会发展统计公报，2006 年凉山彝族自治州户籍人口 435.63 万人，少数民族人口213.03万人，其中彝族人口为197.45万人，占全州总人口的 45.3%。

四、文化与艺术

凉山彝族千百年来繁衍生息在西南边陲这片古老、苍凉而迷人的土地上，创造了具有凉山彝族自然封闭形态的包括天文、星相、历法、文字、服饰文化在内的独特而优秀的民族文化（图 1-1）。

凉山彝族原为游猎民族，大多生活在较原始的高山峻岭中，其经济形态是农、林、牧并举，现在多以农耕和游牧为主，生活方式原始、自然，世世代代以洋芋（土豆）、玉米、荞麦、燕麦为主食（图 1-2）。并且由于分布地区较广，支系多，往往每个地区都有自己独有的生存方式。生活环境的不同，形成了凉山彝族各部落、支系之间同中有异的生活习俗和方言。他们有自己的原始宗教或民间信仰、本族崇拜，创造了令人叹为观止的神话传说、歌谣、雕刻、绘画、音乐、舞蹈、建筑和独特的餐饮文化等，同时还传承和保留着我国彝族最古朴、浓郁而独特的服饰文化。

图1-1　在凉山这片神奇而古老的土地上孕育了彝族人民和他们辉煌的历史和文化（严薇摄）

图1-2　凉山依山而居的瓦板房和他们的主要农作物燕麦、荞麦

第一章　凉山彝族服饰概述

第二节 凉山彝族服饰整体风貌

历史总是在构建今昔的关系，梳理凉山彝族服饰的历史，就是要从今天仍然活着的服饰形态中去发现其隐含的文化价值。因为，服饰负载着一个民族蕴藏最深且久远的文化特质。服饰既是一个民族生活方式的物质载体，也是一个民族每个时期的历史、生活习俗、生活环境、区域风貌、审美情趣、传统工艺、心理素质以及社会生产力的发展水平等文化信息、宗教信仰和经济状况的集中呈现。

图1-3 美姑大裤脚男装

一、服饰概貌

由于凉山天堑壑障的隔绝所造成的独特自然地理环境及特定历史阶段的社会形态，20 世纪 50 年代前还是奴隶制阶段，因此其服饰仍保留了彝族固有的文化传统，最能体现彝族古老的服饰文化特征。

凉山彝族服饰种类繁多，款式和纹样独具特色，异彩纷呈。据不完全统计，服饰品种多达 300 多种，各种配饰和花纹图案上千种，既是彝族传统文化和审美意识的具体体现，也是民族文化中的耀眼明珠、物质化的精神产品，更是彝族活态的文化和历史。

虽然凉山各彝族地区的服饰风貌和组成在细节上千差万别，但从整体来看仍然具有共同的地域和文化特征。比如服装，男子穿右衽大襟上衣，下着长裤，并因方言区、地域不同而有大、中、小裤脚之分（图 1-3）；女子穿右衽绣花上衣，高高的立领与衣身分离，领面上贴银泡、绣精美的纹样，领口装饰各式夸张的长方形银领牌，使颈部修长而更显仪态端庄，下着百褶裙，在右边配挂富有装饰感的三角形荷包（图 1-4）；无论男女老少，皆常年披察尔瓦、披毡；用于制作服装的衣料以自织自染的绵羊毛织物为主；服饰饰花工艺主要有镶嵌、贴花、

图1-4 美姑女子服装

盘花、滚边、挑花、刺绣等；服饰图案以传统的火镰、羊角、蕨芨草、月牙、窗格、牛眼等抽象纹样为主；服饰色彩上喜用黑、红、黄等系列色搭配。

而在发式和服饰配件上，少女梳单辫，妇女梳双辫交叉盘于头顶；青年女子戴“瓦片”式头帕，生育后的妇女改戴荷叶帽或缠长巾；双耳佩银、珊瑚、玉、贝等耳饰；男子发式为将四周头发剃光而在头顶蓄一绺长发将其盘扎成椎髻，彝语称“兹尔”，俗称“天菩萨”，是一种很古老的发髻，象征男人的尊严、神圣；头饰为盘缠黑色或深蓝色长巾，大多在额前裹成一尖锥状，彝语称“兹体”，俗称为“英雄结”；左耳戴硕大的蜜蜡珠、银耳圈等耳饰。

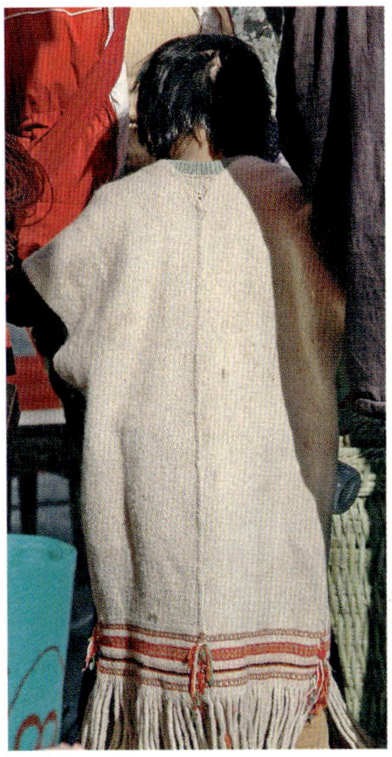

图1-5　带有贯头衣形制的凉山盐源坎肩

图1-6　衣领处稍加挖剪、底摆有吊穗的贯头衣

二、服装结构

凉山彝族服饰结构形制总体来看，基本和人类服饰形制经历的三个发展时期相一致。因此，按照人类服饰结构痕迹经历的三个时期来分，凉山彝族服饰结构也有三个不同时期的痕迹：一是草裙装时期，时间大约在旧石器时代的中晚期，主要以树皮、树叶为衣饰，如凉山现存的蓑衣等；二是披裹式服装时期，是服装发展的早期阶段，即以单块面料披绕于身，凉山彝族的披毡等就带有披裹式服饰的特点；三是贯头衣时期，贯头衣是在单块披裹式的基础上发展起来的，但比披裹式前进了一步，此类服装是将两个身长长度的单片面料对折，在中间领口处留出一个口或挖洞，使头能从中伸出的服装结构和款式。如凉山中裤脚地区的盐源县就有用羊毛手工织成的坎肩式的贯头衣（图1-5、图1-6）。另外，察尔瓦、披毡是在单块布料的基础上，收拢衣领，故在服装结构上也具备了贯头衣的特点。

凉山彝族服饰按结构和缝制特点分为：较原始的织造型、较先进的缝合型、较现代的裁剪型三种。织造型是以手工擀制而成的面料为基础，无需缝合，无领无袖，是服装较原始的状态，凉山的披毡属此类型（图1-7）。在织造型基础上进一步发展成为缝合型，即有织有缝，少用剪刀裁剪，仅将面料分割或撕成矩形块料再做简单缝合，整个服装采用正方形、三角形等几何裁片，这种缝合型服装不具有个性化特征，不同年龄、不同身材的人皆可穿着，如凉山的察尔瓦即属此类型。裁剪型是在缝合型基础上的进一步发展，即根据人体尺寸用剪刀将面料裁剪为比较适合人体的几何形裁片，再经大量的严密缝合，制作成能展现人体美的精美服装，如凉山的右衽绣花上衣、精美的半袖罩衣、背心等。由此凉山彝族服饰从单块面料披裹式发展到多块衣料稍加缝制的坎肩、察尔瓦披衣，到“量体裁衣，看头

图1-7　以手工擀制而成的披毡属于织造型服饰（严薇摄）

制帽”的精致、丰富的系列服饰搭配组合，形成了相对稳定而富于变化的服饰生活和文化（图1-8）。

从中西服饰文化观念的区别来看，西方服装结构强调三维空间效果，注重服装内部结构和外轮廓线的塑造，突出显现人体的曲线美。在方法上以立体裁剪为主，注重试缝、修订和补正，使人体与衣料间的空隙极小，以求服装结构最大限度的合体。而我国传统服装从古代“深衣”制时就采取了以人体双臂平展、两腿稍加分开时的站立姿态作为服装结构的整体形式。因此，裁制成的服装是直线状、整片式、平面型的。这种平面裁剪方式，使得人体与衣料间的空隙较大，衣服显得宽松，具有一种“穿着构成的自然美”。在服装的穿着行为上不追求标新立异，而是注重“自我调节”，讲究穿着搭配上的协调、渐进与含蓄之美。这与我国古代汉族崇尚宁静、和谐、稳健、端庄的生活方式是一致的。

图1-8 美姑右衽绣花上衣属裁剪型服装

图1-9 上衣的平面结构展开图

图1-10 昭觉的半袖和右衽上衣是前后衣片相连，袖与衣身连片，没有肩缝和肩部造型的平面型服装结构

凉山彝族服装也传承了这些审美观念。体现在凉山彝族服装结构上的特点是：门襟右衽，前后衣片相连，没有肩缝和肩袖缝，袖与衣身连片，胸部无收省。结构是整片式的，上衣的前片、后片、左右衣袖都是连在一幅衣料上（图1-9、图1-10）。服装造型以直线为主，较少使用弧线和曲线。在部位结构和形体空间方面，不像西式服装那样注重人体的胸围、腰围、臀围的塑造。腰部均不收拢，胸、腰、臀三围之间是一条略向外斜而使下摆部位略大的直线。缝纫时只要沿着袖底缝和两侧摆缝，将前后衣身对叠缝合即成。衣服穿着后肩部是整件上衣的支撑点，平直宽松的结构使人举手投足、蹲坐跨行都很方便而利于劳作。凉山彝族服装传承和保留了中华古装素洁、含蓄、委婉、深沉之结构美。

三、服饰手法及工艺特征

凉山彝族服装在造型上简洁朴实，在结构上呈平面特征而缺少变化，那么，简单的服装是如何被赋予美感的呢？诀窍在于非常重视服装的胸、腰、臀和襟、领、袖、摆等部位装饰各种植物、动物、几何、器物和从大自然中提取的纹样（图案的表现形式以抽象风格为主，结合些许写实风格），注重在服装的平面空间上对图案、纹样的布局和美化，巧妙而智慧地运用镶色、滚边、嵌线、盘花、刺绣等饰花手法装饰各部位，从而使平面、单调的服装变得丰满、精彩起来。

凉山彝族服饰种类繁多，异彩纷呈，集中体现了凉山彝族的历史文化、社会特点、生存环境、审美情趣和宗教信仰等，是彝族文化的重要组成部分。

第二章
凉山彝族三大方言区服装

依山而居就有山的刚毅，逐水而栖就有水的灵气。“看见了我美丽的服装，就知道我从哪里来”。凉山彝族服饰随地域、生态、方言的不同而各具特色。其服装款式按三个方言区大致可分为：以昭觉、美姑地区为代表的“依诺”方言区服饰；以布拖、普格地区为代表的“所地”方言区服饰；以越西、盐源、喜德地区为代表的“圣扎”方言区服饰。

第一节　三大方言区服装的共性

“人们创造自己的历史……是在直接碰到的、既定的、从过去承继下来的条件下创造的”[1]。服装作为人类生存的需要，其主要的一个作用就是为了保护人体，那么其面料、质地、款式、图形、色彩等的选择必然首先要与生存环境相契合，以减少日晒、雨淋、风吹、霜冻等对人体的侵害。

而文化形态是人类适应生态环境的结果，这是生态文化学的观点。

彝族系远古游牧民族氐羌人的后裔，历史上过着“迁徙无常处”的游牧生活，千百年来，不断地迁徙辗转，形成了其居住地的“大分散，小聚集”的局面。长期的“大分散”特点导致了语言、文化的差异，同样由于各地自然环境及经济状况等条件的差别，造成了各地彝族服饰风貌异彩纷呈的局面。而“小聚集”的特点使同一方言区的文化和服饰基本相同，从而使各地的传统服饰风格得以保存下来，如同一聚居区的人们凡婚丧嫁娶等重大礼仪活动，约定俗成地都要穿本地彝族服饰，否则会遭到排斥。

凉山彝族服饰随地域、生态、方言的不同而各

图2-1　凉山“依诺”、“所地”、“圣扎”三大方言区服饰分布地图，其中昭觉与甘洛这两个地区比较复杂，昭觉以比尔河为界，河的西边如靠近越西、喜德、比尔等地的以圣扎方言为主，而河东边多以依诺方言为主。甘洛有部分是依诺方言区，有部分是圣扎方言区，而中间的西昌市三个方言区服饰都有，不好归类，故留空（依据凉山彝族自治州城市及行政区划图标示。地图来源：成都地图出版社编制、出版、发行，2004年7月第1版）

[1] 中共中央马克思、恩格斯、列宁、斯大林著作编译局.马克思恩格斯选集[M].北京：人民出版社，1972:603.

具特色。在服装款式上按三个方言区大致可分为：一、以昭觉、美姑为代表的“依诺”方言区服饰；二、以布拖、普格为代表的“所地”方言区服饰；三、以越西、盐源、喜德为代表的“圣扎”方言区服饰（图 2-1）。

凉山彝族三个方言区服装既有共同的特征，又有其各自的特点。其中，共同特征主要体现在以下三个方面。

一、以右为尊的服饰观念

服装即指衣裳，古时上曰衣，下曰裳，即用于遮蔽上体的服装称“衣”，遮蔽下体的称“裳”。从中华文化观念来说，受儒家思想以右为贵、为尊的影响，所以着衣必须是右衽。所谓右衽，就是胸前大襟左边衣襟压在右边衣襟上面，门襟朝右开（图 2-2）。从服饰的实用功能来说，门襟朝右，穿衣时系、脱纽扣方便而顺手。只有两种情况时为左衽：一是寿衣（凉山彝族相同）；二是野蛮人。古人认为没有开化的野蛮人不读书，不受教化，“披发左衽”。凉山彝族无论男女上衣皆大襟右衽，是承袭中华古装遗风的体现（图 2-3、图 2-4），同时也说明了彝族服饰文化与汉族传统服饰文化有着长久的渊源关系。

凉山彝族在头饰、民居和生活中也常常体现出来的以右为贵、为尊的观念。比如凉山彝族男子头顶的发髻“天菩萨”和额前的“英雄结”在朝向上有偏左和偏右两种，但缠法均从右至左，只有死后才从左至右反缠。另如凉山彝族民居整个房屋分为左、中、右三部分，中间为堂屋，左部为畜圈，右部为内室。堂屋内以“锅庄石”（也称锅庄，凉山彝族火堂上用于架锅的石头，一般为三块，有的在石头上面刻有花纹）为界，被分为四个不同的功能区，锅庄右方（彝语称“牛莫”），是主人家就寝、贮藏重要物品、供祖祭祖的地方，一般只有主人家才能进出。锅庄上方（彝语称“甘尔果”），主要是毕摩作毕仪式的主要位置，也是客人坐的地方；锅庄下方（彝语称“甘吉”），是彝族举行婚嫁、丧葬仪式的主要场所。

图2-2　美姑妇女右衽上衣

图2-3　美姑柳洪少女右衽上衣

图2-4　美姑毕摩上衣右衽

图2-5　布拖百褶裙展开图

图2-6　昭觉老年人穿的百褶裙

二、摇曳多姿的百褶裙

在服装史上，裙子是一种极为古老的服装款式，它的历史要比裤子长久得多。在我国古代，裙的本字作“帬”，其意有二：一指披肩；一指下裳。为了便于区别，着在下体的裙，又称之为“下裙”。古代“群”与“裙”相通。群者，多也。古时布帛幅宽较窄，一条裙子通常要用多幅布帛才能拼合而成，故称之为“裙”。汉刘熙《释名·释衣服》：“裙，群也，连接群幅也。”[1]从史料记载来看，汉代以后妇女下体穿裙才开始流行起来。东汉至魏晋南北朝时，男子同女子一样，也有穿裙者。南北朝以后，裙为女性下裳之专用。我国历代女裙形制复杂，款式丰富，无论造型、色彩或装饰，都颇具特色。

凉山彝族女子无论老幼皆穿百褶裙。关于彝族百褶裙的来历，各个地区都有不同的神话传说，其中之一是：很久很久以前，北方的皇帝将自己的一位公主嫁于南方山里，十几年过后，皇帝思念女儿，派大臣去接女儿回京城，公主因长期居住于山中，没有合适的衣服穿，如何能见皇帝？于是大臣就把所带的油纸伞给公主，公主抽去伞把，将油纸伞套在腰间刚好合身，就像一条百褶裙，大臣又到池塘里摘来一个大荷叶给公主顶在头上化为荷叶帽。百褶裙就这样流传了下来。

凉山百褶裙外形呈喇叭状（图 2-5），裙长及地，有成人裙和童裙之分，成人裙一般用上下 5 节布料做成，上节腰部和第二节臀部均成筒装，一般用便宜的蓝色棉布制作，下面 3 节都有皱褶，最下节褶裥密集（图 2-6、图 2-7），为了增加裙子的悬垂性能，底节一般由内外双层组成，内层一般长于外层，露出一圈异色的装饰线条，下面倒数第一或第二节横向有其他颜色的装饰条两到三条。百褶裙所呈现出的许多直线褶痕，与横向的异色装饰条，在视觉审美上，纵横相对，整体与局部变化而又统一。在色彩方面，传统童裙为

[1] 刘熙. 释名（卷五）[M]. 丛书集成本. 长沙：商务印书馆，1939：80.

黑白色搭配，现在童裙多为鲜艳的浅色搭配，如桃红、玫瑰红、柠檬黄、大红、天蓝、嫩绿等。青年女子多用饱和色彩搭配，如大红、桃红、草绿、中黄、黑色等。中老年妇女裙多选用比较深沉的冷色调组合，如蓝、黑、枣红、深红、橄榄绿等。制作裙子的材料有棉布、手织平纹羊毛布、麻、丝和化纤面料等。百褶裙在妇女行走时百褶四散、褶皱闪动、轻盈飘逸，极富节奏感，美观大方（图2-8）。而各个地区在裙子的压褶工艺、色彩搭配、褶裥的多少上都有着细微的差别。

图2-7 美姑百褶裙

图2-8 布拖羊毛百褶裙（严薇摄）

三、独立于衣身的立领设计

衣领，彝语称为“来科”。凉山彝族无论男装、女装均为立领。而女装领的特别之处在于领与衣身是分开的独立结构，可以随时取下，另行搭配（图2-9）。衣领高约 5~7 厘米，领面用挑花、贴花、刺绣等绣花工艺装饰，图案大多为二方连续纹样（图2-10），一般情况下，纹样的风格与上衣的相同或相近。此外，有些领面上还缀有银泡、银片（图2-11、图 2-12）。领口钉有硕大的长方形领牌和花形领扣（图 2-13），彝语称“该”，材料多为银质。高高的立领和领牌直抵下颚且保暖，同时能将女性的颈部修饰得更修长秀美。

图2-12　银泡是一粒一粒钉上去的

图2-9　蓝色调的衣领

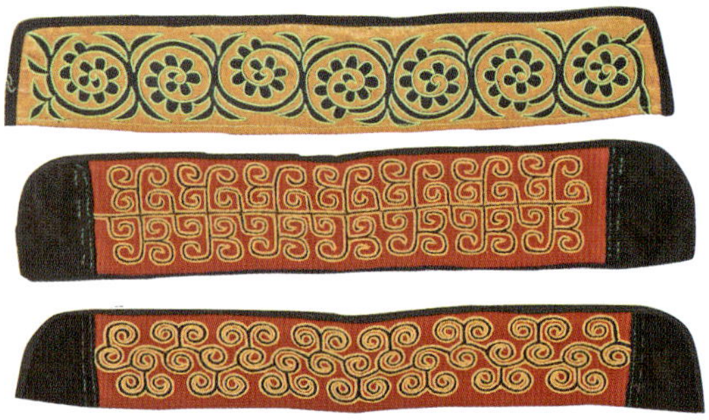

图2-10　用拼贴工艺制作的衣领

图2-13　昭觉领牌

图2-11　钉有银泡和银领牌的衣领

四、关于三大方言区服饰的混融性

三大方言区服饰的划分不是截然分割的，在凉山大的彝族文化空间内各类服饰风格是相互交融而又存在差异的，在大的服饰区域划分下会有许多变异，会产生一些次生服装风格，这些经过交融、变异的服饰是无法进行归类的，它将随时代和文化的变迁而改变（图 2-14 ~ 图 2-18）。

图2-14　上衣的门襟纹样和工艺是美姑式的，但底摆改变成了美姑柳洪乡风格的斜底边和镶嵌牙条工艺，而裙子的腰节部分用了北方汉族特色的花被面（阿牛史日摄）

图2-15 将当今流行的喇叭袖与所地服饰特点结合的服装

图2-16　门襟由传统的右衽改变成了左右两边开衽的美姑女装

图2-17　在美姑上衣门襟盘绣的基础上加了底摆的装饰

图2-18　具有所地方言区服装特点却戴昭觉头饰的混融女装

第二节 “依诺”方言区服装

该地区彝族人讲“依诺”方言，俗称“大裤脚”地区，即男子服装以裤脚宽大为特点，其宽度达170厘米，观之如裙。男子穿上后尤为粗犷、英武、有气势（图2-19）。男装上衣紧身窄袖，其袖口、门襟均有纹饰。主要包括昭觉、美姑、雷波、甘洛等县和部分地区。下面以昭觉和美姑地区服饰为例进行详细介绍。

图2-19 昭觉青年男子服装

一、昭觉地区彝族服装

“昭觉”是彝语的译音，意为“山鹰的坝子”，位于凉山彝族自治州中部偏东，是凉山东部的交通枢纽和重要物资集散地。全县面积2699平方公里，总人口23.5万人（2004年），其中彝族19.89万人，占总人口的97.3%。昭觉地处低纬度高海拔的山区，属于高原气候：冬季干寒而漫长，夏季暖和湿润。得天独厚的自然条件和特殊的地理环境，孕育了丰富的彝族服饰文化。

由于昭觉地处大凉山的腹心地带，1952~1977年，昭觉曾是凉山彝族自治州州府所在地，是我国最大的彝族聚居县，是依诺、圣扎、所地三个方言区的结合之处，所以三个方言区的服饰特点在昭觉均有体现，“你中有我，我中有你”的服饰文化混融，使昭觉彝族服饰更加丰富和绚丽多彩，同时也使昭觉服饰缺乏鲜明的、独特的地域特点。但昭觉男裤主要以大裤脚为主，故一般情况将昭觉服饰划分为依诺方言区。

现在，昭觉彝族服饰传统工艺保留得较完善，最有特点和市场经济活力的是用“腰机”斜纹织布制作而成的察尔瓦，已销售到凉山州各个彝族地区，成为昭觉县最有经济效益的服饰手工产业。

（一）女子服装

1. 上衣

女子传统上衣主要有右衽长袖衫、右衽半袖罩衣、无领直门襟背心等搭配组合。妇女一般是长袖衬衫与半袖罩衣配套穿着（图 2-20 ~ 图 2-24）；少女、儿童是内穿长袖衬衫、外配无袖背心。

图2-20　上为昭觉传统半袖罩衣、衫，下为所地现代风格服装

图2-21　昭觉妇女长袖衫、右衽半袖罩衣

图2-22　背面图

图2-23　凉山传统半袖罩衣和羊毛百褶裙

（1）半袖罩衣

半袖，是汉族服制中自古就有的一种形制，顾名思义为半截袖子的上衣。汉刘熙《释名·释衣服》云：“半袖，其袂块，襦而袍袖也。”[1]

半袖有多种形制，一种袖口宽大平直，无装饰；另一种则加以缘饰，并施以褶裥。从隋代起，

[1] 刘熙. 释名（卷四）[M]. 丛书集成本. 长沙：商务印书馆，1939：81.

妇女穿半袖者日益增多。到了唐代尤为普及，先为皇宫中内宫及女史之服，后逐渐流传至民间，成为普通妇女的常服。隋唐时期的半袖，多被称为“半臂”。陕西乾县唐永泰公主墓墓道甬道及墓室的壁画有不少宫女形象，大多穿半袖，与襦裙相配。另在该墓石椁四周也雕有穿襦裙及半臂的宫女形象。从图像上看，这时的半袖形制为对襟，衣式短小，长及腰际，两袖宽大而平直，袖长不掩肘。

昭觉半袖罩衣，彝语称“衣毕”，袖短而宽，袖长至上臂处，衣长比衫约短20厘米，侧缝下摆开衩。右衽门襟及背用贴花装饰呈问号“？”形状，开襟，贴花是用彩色布剪成漩涡、波浪、火焰等传统二方连续纹样，图案的边缘用斜布条滚边工艺包裹或用紧密的粗线将其立体锁绣，这种饰边工艺使图案有一定的立体感。在侧缝、底边处镶嵌有数道立体感较强的牙条，在两组线条中间是一道彩色面。门襟是二方连续纹样，侧腰和前后中间各饰一个单独纹样，整件上衣的图案呈现出线、面组合的构成，设计主次分明，有节奏、疏密的变化（图2-24～图2-27）。

图2-24 昭觉传统右衽长衫与右衽半袖罩衣

图2-25 半袖罩衣背面图

图2-26 半袖平面结构图

图2-27 昭觉半袖罩衣（严薇摄）

（2）衫

昭觉的衫，作为半袖罩衣必备的衬衣，一般不单独外穿。昭觉妇女衫的特点：它是一种不用衬里的单衣，右衽，长袖，窄袖身，小袖口，衣长过臀。因在外有半袖罩衣，故衫的胸、背等处无纹样装饰，在底摆、袖头等处镶嵌有宽窄不等的彩色装饰布条和线，在布条上面贴绣有二方连续纹样，花型一般与半袖罩衣相匹配（图2-28、图2-29）。

图2-28 昭觉的右衽长衫

图2-29 昭觉老年蓝色调的半袖罩衣、衫、百褶裙

（3）背心

彝语称“来嘎”。背心在我国服装史早期被称之为“裆”。裆与半臂之别在于半臂有袖而裲裆无袖。汉刘熙《释名·释衣服》称：“裆，其一当胸，其一当背，因以名之也。”清王谦疏正补：“今俗谓之背心，当背当心，亦两当之义也。”从文物资料来看，最早的裲裆制作简单，一般做成两片，一片遮胸，一片挡背，肩部以带相连。后逐渐变成背心的形状。妇女穿用时，多穿在里面，用来保暖。魏晋以后，裲裆逐渐穿在外面，缝制也比较精致，在裲裆之内纳以丝绵，可为“棉背心”的最早形式。

背心在宋代最为流行，男女尊卑均喜穿之。这种服式实用性很强，它不仅可以在早晚气温较低时穿用，更是中原大陆性季风环境（春秋季节短暂，春季多风和秋季善变天气）的必备之服。从生理角度来看，这种遮挡前胸后背的服装形制，对于保持体温十分重要。因为一般人都会有这样的感觉，四肢稍稍凉一点无关大局，躯干往往不受冷。从医学角度讲，护住胸部，也就等于保护了心、肺、胃等脏腑不受强冷或忽冷忽热天气的侵袭，从而保持呼吸系统、消化系统和循环系统的正常状态。四肢是人体活动的主要部位，频繁的运动使人的四肢越解放越自若，反过来又促进了身体循环，增强了体质。这种服式满足了护体与运动的双重需要，所以一经产生，历代沿袭，直到今天。背心除了防寒保暖便于行动，又利于与其他服饰的搭配，展现出不同的美感。由于背心选料随意，制作简单又实用，故在不同地域、不同阶层流行的过程中，出现了不少异名，如“绰子”、“搭护”、“比肩”、“背褡”、“坎肩”、“紧身”、“马甲”等。

背心形制在不同时代随人们的不同需要，有大襟的、对襟的、曲襟的，也有称作“一字襟”等多种形制。

而昭觉背心小女孩和未婚少女穿无领对襟的居多（图 2-30~图 2-33）。中老年背心一般为右衽，门襟配有中式葡萄纽盘扣，在领圈处用纺紧的棉线或膨体纱线盘绣三道或多道二方连续纹样，纹样色彩分红、黄、绿对比搭配和黄、绿、蓝同类色搭配（图 2-34）。

图2-30　昭觉女孩背心（严薇摄）

图2-31　背心和衫背面图

2. 百褶裙

裙子分为 5 节，下面 3 节有褶裥，最下层一般面为黑色，里衬红色布料，在底边有意长出一窄边红色线条。在中节下端镶嵌有两三道横向细布条，有的在其上部再镶一道宽的布条（图 2-35）。中间两节少女裙多配红、黄、绿、粉、白等色（图 2-36）。老年百褶裙色调搭配比较沉郁，多用蓝、绿、紫等冷色调（图 2-37、图 2-38）。最上节为裙腰，第 2 节成筒状，裙长 100 厘米左右，裙摆甚为宽大。裙腰上挂一三角形荷包用于装针线或小物品，包面绣精美的蕨岌草、火镰等纹饰图案，下端垂吊工艺复杂的剑形飘带。

图2-32　昭觉少女直门襟背心

图2-33　传统背心正面图

图2-34　昭觉老年右衽背心和衫

昭觉百褶裙以前是用棉布或羊毛手工布手针拉褶做成，现在基本上都使用化纤面料以电熨斗熨烫成细密的褶裥，色彩很艳丽，但少了些许厚重、天然的朴实美。

图2-35　昭觉彝族服装加工店卖的百褶裙

图2-37　昭觉老年蓝黑百褶裙

图2-36　昭觉百褶裙和三角包

图2-38　昭觉传统老年百褶裙

（二）男子服装

1. 上衣

以紧身为美，无领或矮领，窄袖。布料多为黑色或蓝色，环肩、门襟、双袖、底摆均用色布镶饰细“牙条”数道。喜用小方布折叠的“马齿牙”镶嵌装饰，“马齿牙”依次排列成线条，有单行和双行装饰之别，如此工艺设计，使男装看上去整体而有变化，更具立体感，肌理和层次也丰富一些（图2-39～图2-41）。

图2-39　传统男上衣正面图

图2-40　上衣背面图

图2-41　着昭觉上衣的男子

图2-42 着中山装和大裤脚的男子

图2-43 昭觉大裤脚腰头和裤裆结构图

2. 平底边大裤脚裤子

凉山彝族男子下装着长裤，彝族先民在先秦及秦汉时期，有的部落男子就穿裤。汪宁生所著的《晋宁石寨山青铜器图像所见古代民族考》一文中说：“……有一组人只见男子形象……穿长裤。”[1]凉山彝族的裤子结构和上衣一样，是整片式、直线型、平面化的。整条裤子由两片裤片组成，裁剪时一折成四，以直线或斜线为主。前后裤片相连，没有侧缝，不分前后，可以前后轮番穿着，宽腰式的腰部和臀部几乎同样大小，穿着时将腰口折叠以后再系上裤带即成。

昭觉裤子以肥大的裤裆和宽大的裤脚为突出特点，裤腿最宽达 170 厘米，裤腰上的褶裥像百褶裙一样细密（图 2-42、图 2-43），若抓住裤脚口外角侧拉至头部，整条裤子可形成一个大扇形，宽大的脚口线是平行的。裤脚下部是双层布料，脚口不用锁边，呈毛边状。裤子色彩现在多用鲜艳的天蓝色。做这样一条裤子要比做一般的裤子需多用七八倍的布料。因为大脚裤穿起来劳作和行动不方便，故而在平常的日子里较少穿用，只有在过彝族传统节日或一些特殊的文化活动时才穿。

（三）饰花工艺

本书介绍的各种饰花工艺三大方言区都使用，只是每个地区以 1~2 种饰花工艺为主。昭觉女子服装饰花工艺以剪、贴花和锁绣为主，配有镶嵌“马齿牙”和镶嵌牙条等工艺。纹样以漩涡纹、火镰纹、太阳花纹为主。红、黄、黑等色彩搭配鲜艳、强烈、明快，极富装饰感。

1. 剪、贴锁边绣

选择好纹样所需的色布，将其剪成二方连续纹样或单独纹样，贴在服饰所需部位，再沿图案的边缘用手针将纺紧的双股彩色棉线或膨体纱线平缝或锁绣，使图案的边缘不脱散。这种线、面结合的饰花工艺装饰出来的纹样边缘具有一定的立体效果。

[1] 汪宁生. 晋宁石寨山青铜器图像所见古代民族考//民族考古论文集[C]. 北京：文物出版社，1989：384.

剪、贴、锁边工艺用于装饰女装的门襟、底摆和衣袖等部位，也用于装饰童帽、衣领、三角包、背被（裹背）等。

（1）剪纹样方法与步骤

将两块布条用胶水粘合在一起（这样好剪，而且剪出的纹样是一对），晾干后剪出纹样，具体方法和步骤见图 2-44。

（2）锁边绣方法与步骤

将剪好的纹样贴在底布上，用纺紧的双股棉线，锁缝纹样的边缘（图 2-45、图 2-46）。

剪贴绣实例见图 2-47~图 2-51。

(a) 剪出一个漩涡形

(b) 从相反方向剪第二个漩涡形

(c) 将空间挖出再剪出具体图形

(d) 剪出一边的完整纹样，注意纹样“图”与“地”的空间分布

(e) 剪纹样的现场

图2-44　剪纹样工艺流程图

图2-45　用胶水粘在布上然后将边锁绣

图2-46　完成后的效果

图2-47　留存下来的用剪贴绣工艺制作的三角包

图2-48　童装门襟上的图案是镂空出纹样然后将边锁绣

图2-49　中间的黑色纹样是剪贴的图案用黄线锁绣上去的

图2-50　上衣袖口上的贴花是先剪出纹样然后将边锁绣

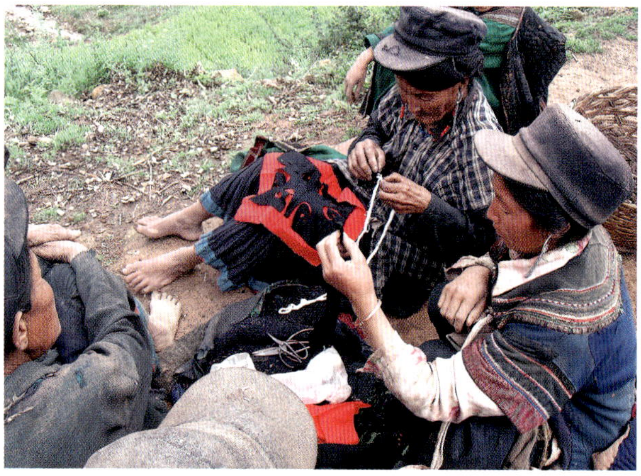

图2-51　田间正在制作剪贴绣的彝族妇女们（严薇摄）

2. “马齿牙”镶嵌绣

将小块正方形布对折，再折成小三角形，镶嵌到剪开的部位将其用针缝好。一粒粒的“马齿牙”排列成有变化的装饰线，效果立体而富于装饰感，是凉山最具特色的饰花工艺。

马齿牙的制作方法与步骤：将布剪成小方形［图 2-52(a)］，折出三角形［图 2-52(b)］，折好后［图 2-52(c)］，镶嵌到两层布的中间（图 2-52(d)］，镶嵌好的效果见图 2-52(e)、图 2-53。

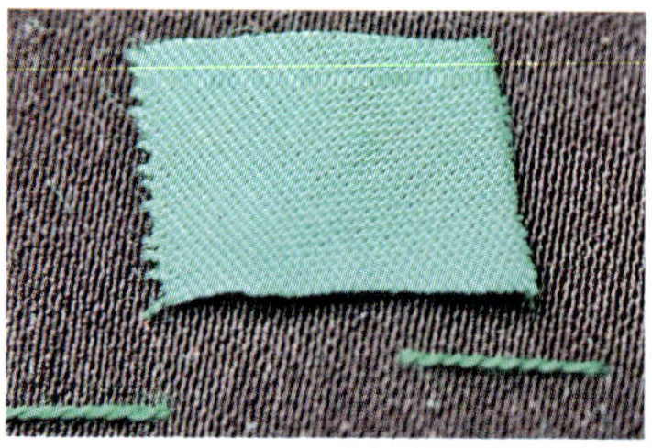

(a) 剪出方形布

(b) 对折

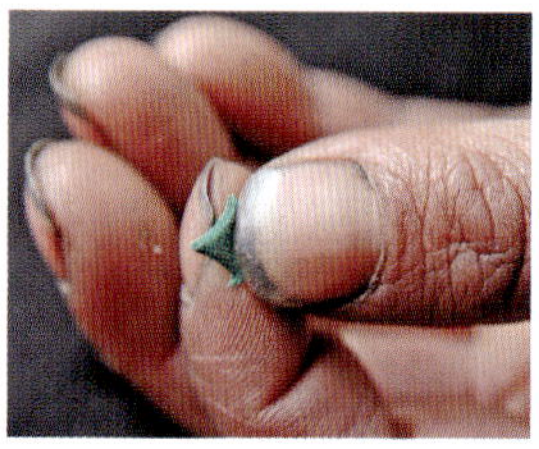

(c) 折叠成三角形

(d) 镶嵌绣

(e) 完成效果

图2-52　马齿牙镶嵌绣工艺流程图

图2-53　昭觉男装门襟上的马齿牙工艺

二、美姑地区彝族服装

美姑县地处大凉山腹心地带，位于自治州东北部，境内山峦起伏，林木葱郁，河水青秀，沟壑纵横，资源富足。美姑建县五十多年来，各族人民在党的民族政策的光辉照耀下，政治、经济和社会事业都出现了翻天覆地的变化，人民安居乐业。这里被誉为“毕摩文化之乡”、“美女之乡”、“摔跤之乡”和“熊猫之乡”，是凉水彝族民间文化的宝库。美姑服饰是“依诺”方言区服饰的典型代表，男女服装都以精美的盘绣工艺见长，服饰色彩搭配艳丽而和谐（图2-54）。

美姑服饰大致分为四大块：牛牛坝至大桥、柳洪、牛牛坝以上及牛牛坝沿美姑河两岸。

（一）女子服装

1. 上衣

（1）盘绣上衣

上衣长、短、大、小比较合身，一般单件穿着，在门襟、肩、背、袖臂和袖口等处用纺紧的双股彩线和锁绣工艺将月牙、窗格、火镰、牛眼等图案盘绣成二方连续纹样，纹样上下排列4~5道（图2-54），前门襟纹样呈“N”字形造型。少女上衣纹样的色彩搭配以红、黄、橙、绿为主，以色彩艳丽为美（图2-55）。中、老年纹样比青年女子简单，以蓝、绿、紫、红色搭配为主。胸前喜佩饰精美的竹制口弦盒或针盒，内装铜制、竹制口弦或针。

图2-55　美姑传统女子日常服装

图2-54　美姑传统女子日常服装

（2）背心

小女孩外穿对襟或右衽背心，沿门襟用彩线绣花（图 2-56）。

2. 百褶裙

小女孩下着黑、白或红、橙、绿相配的百褶裙（图 2-56），姑娘穿红、橙、绿、黄、黑百褶裙（图 2-57~ 图 2-59），中老年妇女穿蓝、绿、紫、黑等冷灰色百褶裙，面料以棉布为主（图 2-60）。

图2-58　赶集卖的百褶裙

图2-56　着各式背心的美姑女孩

图2-59　姑娘百褶裙

图2-57　经过创新设计的美姑现代装

图2-60　中老年百褶裙

百褶裙拉褶工艺：棉布裙用手针串缝工艺拉褶或缝纫机拉褶（图2-61），化纤面料用电熨斗熨烫褶裥，然后将裙子捆扎起来，让褶裥固定住（图2-62、图2-63）。

图2-61　缝纫机拉褶

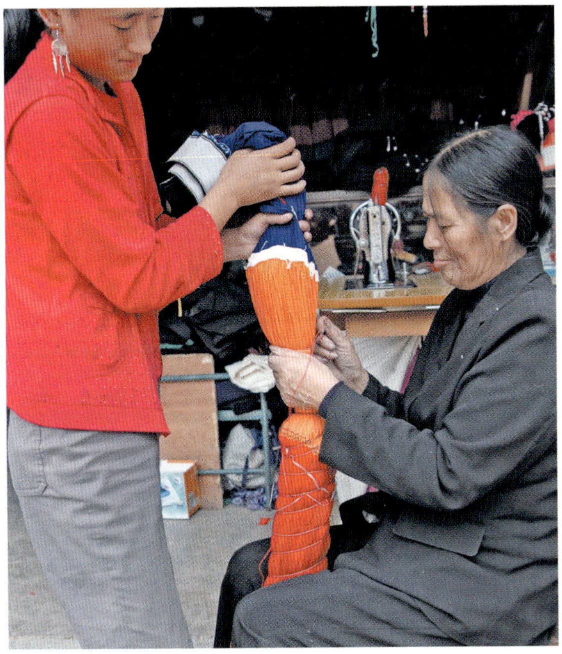

图2-62　从背面将裙子捆扎，使褶不易松散

图2-63　集市上捆扎起来出售的百褶裙

（二）男子服装

1. 盘绣上衣

青年男子与女子上衣款式和纹样基本相同，无领，衣袖只在袖口有纹样（图2-64、图2-65）。儿童着对襟或右衽绣花上衣（图2-66），中老年上衣较青年上衣宽大，通常是棉布本白色（图2-67），用白线纳出各种纹样形成一定的肌理，很有特色。

图2-64　年轻男子绣花上衣

图2-65　着绣花上衣的毕摩

2. 斜底边大裤脚裤子

与昭觉地区的大裤脚不同的是，宽大的裤脚底边外侧稍高，呈内长外短的扇形，一般裤子的上半段是天蓝色，在裤腿底端镶有约20厘米高的青或蓝布层，有的正好相反，上半段是深蓝色，下半段是天蓝色。裤脚口双层，毛边。裤子的褶裥不像昭觉男裤那样排列均匀，而是比较自由(图2-66~图2-68)。腰拴红色镶边的三角形腰带。

图2-66　吹彝族传统乐器，着白色上衣和大裤脚的老年男子

图2-67　穿古时铠甲和大裤脚的男子

图2-68　男孩服装

（三）独特的美姑柳洪服装

柳洪是美姑县的一个区，管辖四个乡。离美姑县城 67 公里，坐落在高山峻岭中（图 2-69、图 2-71），其服饰风格却独树一帜而别开生面。

1. 女子服装

（1）少女服装

上衣适当收腰，面料以蓝、黑色为主，在门襟、底摆、袖臂等处镶嵌红、蓝、黄牙条。百褶裙为黑、白色，柳洪少女头上一般不戴帕子，整体风格素中透雅，少了几分大红大绿，更具凉山彝族尚黑遗风（图 2-70）。

（2）成年女子服装

上衣款式与少女装基本一样，只是镶嵌的牙条要多、色彩要丰富一些（图 2-72、图 2-73），有的在前胸处用斜布条盘绣简洁的似抽象派符号一样的图案（图 2-74~ 图 2-76），百褶裙以蓝黑色搭配为主。

图2-69　柳洪村头

图2-71　柳洪深居大山深处

图2-70　梳独辫、穿黑白百褶裙的柳洪少女

图2-72　雪中着传统服装的柳洪姑娘

图2-73　成年女子服装，也是新娘装

图2-75　盘绣有抽象图案的柳洪女子上衣（严薇摄）

图2-74　上衣的正面

图2-76　上衣的背面

（3）中老年妇女服装

中老年妇女服装见图 2-77、图 2-78。

图2-77　喜欢在胸前挂一条用于装饰的手巾

图2-78　柳洪妇女日常着装

2. 男子服装

无领，右衽，三角形底摆，沿门襟、项背、手臂等镶嵌有蓝或绿色牙条，下着大裤脚裤子，服装整体风格素雅，工艺细致（图 2-79、图 2-80）。

图2-79　着全套柳洪传统服装的男子

图2-80　男装前后底摆呈三角形

（四）饰花工艺

1. 膨体纱盘绣

将双股彩色棉线或“膨体纱”线（图 2-81、图 2-82）用“纺专”纺紧，将其盘绣成各种二方连续纹样。纹样主要有太阳花纹、羊角纹、牛角纹、日月纹、波浪纹、窗格纹、石阶纹、土司印章纹等（图 2-81）。这种技法主要在美姑和雷波地区使用，用于男女上衣的门襟、袖口等部位。使服装整体风格具有典雅、秀丽的美。

纺线和盘绣的方法和步骤：按图案的色彩设计买来膨体纱线（图 2-83），用纺专将每单股线纺紧密，然后将两股或四股线分别合拢成粗线（图 2-84），再如图盘绣出纹样（图 2-85、图 2-86）。

图2-83　集市上卖的膨体纱彩线

图2-81　门襟上用盘绣工艺制作的各种纹样

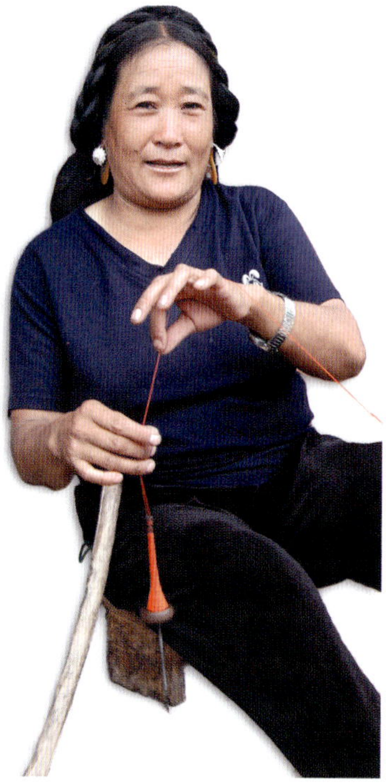

图2-84　用纺专纺紧膨体纱线的妇女

图2-82　集市上卖彩线的情景

图2-85　盘绣的过程

(a) 先盘绣下面一道线

(b) 再盘绣上面一道线

(c) 双股线要排平

(d) 盘绣的过程

图2-86 盘绣工艺流程图

2. 斜条盘绣

柳洪斜条盘绣（图2-87）的方法和步骤：将正斜条布对折，用同色线缝第一道线[图2-88(a)]，将毛边多余部分剪去，将整边一边翻折包住毛边的一边，缝好[图2-88(b)]，斜条饰花工艺也可以用于包缝纹样的边缘（图2-89）。

(a) 将对折的斜条缝第一道线

(b) 将整边一边翻折包住毛边的一边，缝好

图2-88 斜条盘绣工艺流程图

图2-87 柳洪女子上衣图案局部

图2-89 斜条饰花工艺

第三节 “所地”方言区服装

该地区彝族人讲“所地”方言，因裤脚口小而称为“小裤脚”地区，即男子所着裤脚特小，仅10~15厘米宽。主要包括布拖、普格、金阳、宁南、会理、会东、德昌等县区。

一、布拖地区彝族服装

布拖县位于凉山彝族自治州东南部，是一个彝族聚居的高寒山区半农半牧县。总人口14.37万人(2007年)，其中彝族人口13.57万人，占94%，面积1685平方公里，有耕地31万亩，林地84万亩，草地118万亩，宜农宜牧。主产土豆、荞麦、燕麦等粮食作物。境内山川壮丽，风光秀美，资源富足（图2-90、图2-91）。

布拖是彝族传统文化保存最完整的地方，是彝族火把节的发祥地之一，素有“火把圣地”、“火把之乡”的美称。

布拖的民风古朴，蕴含着浓厚的彝族文化底蕴，其中传统服饰文化保留得最为完整，是彝族服饰的“银饰之乡”，能全面展示凉山彝族古朴的服饰文化。

在服饰的美感上，妇女着长衣、长裙、圆盘大帽，外披庞大的披毡，犹有一种雍容华贵的气度。而男子服饰，下装着贵族气十足的像马裤一样的“小裤脚”，上穿紧身、高腰、窄袖口的短上衣，门襟配以夸张而华丽的中式盘扣和硕大的银质纽扣，穿上这类服装使年轻小伙子更显得精神抖擞，英姿勃勃。

图2-90 瓦板房局部

图2-91 布拖西溪河依山而立的彝族瓦板房

（一）女子服装

上衣主要为内穿过膝长衫，外罩半袖大襟短衣。

1. 上衣

（1）过膝长衫

衣长一般至膝盖上下，短可齐胯，长可过膝。宽衣窄袖，以蓝色丝绒面料为上乘，也有用绸缎、斜纹、毛呢布料的，在门襟、项背、袖口处镶贴宽窄青布条或加镶红、黄牙条和花边等，用中式盘扣开合，长衫可穿在半袖里面，也可单独穿着（图2-92~图2-94）。

图2-92 布拖用绸缎面料制作的传统长衫（严薇摄）

图2-93 金丝绒长衫（严薇摄）

图2-94 长衫也可以作为外衣穿（严薇摄）

（2）半袖罩衣

袖长到肘部，袖子宽肥。衣长不过臀，短至肚脐，门襟有大襟和琵琶襟，门襟右衽在腰部从右侧回中间呈“Z”字形。在袖口、门襟、肩背、底摆等处镶嵌有1~3道花边或彩布牙条。需要说明的是，有的半袖罩衣在后底摆中间开短衩（图2-95~图2-98）。

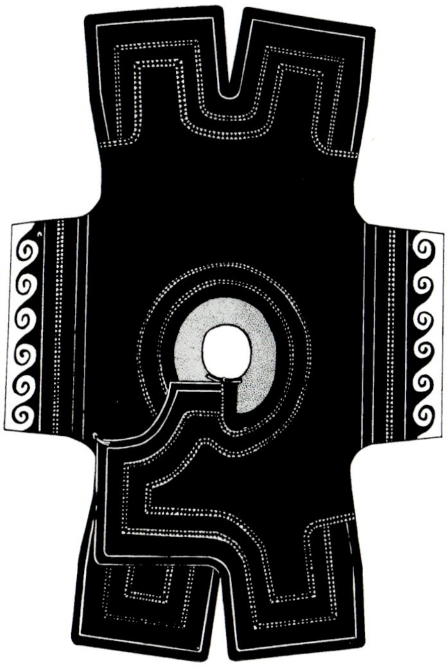

图2-95 半袖罩衣平面结构图

第二章 凉山彝族三大方言区服装

图 2-96　布拖黑彝传统服装（严薇摄）

图 2-97　黑彝穿的半袖罩衣图案和色彩较素雅（严薇摄）

而成，不纳，襟边包边，用针竖串三行。后领窝处喜用两个三角形的毡片装饰，腰摆较大。披褂肩部有两个象征性的短小袖孔，只披不穿，没有任何实用功能（图 2-99~图 2-101），但在服装的结构上，如果把坎肩的侧缝和肩缝缝死了，呈一个三角形，在肩部就缺乏一个结构的厚度，既不好看，同时在结构上也平了。

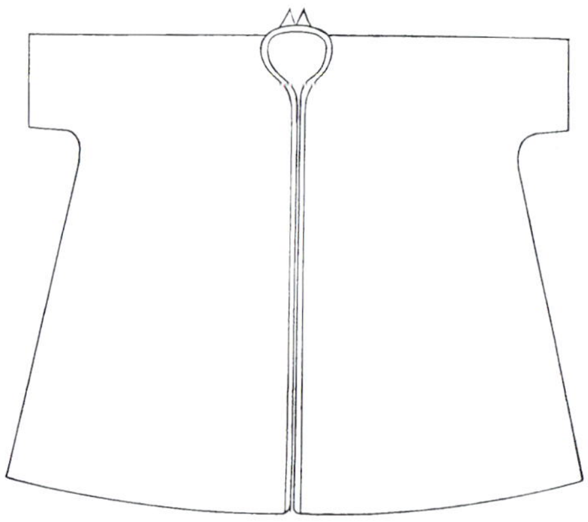

图 2-99　毛毡坎肩平面结构图

图 2-98　棉布半袖罩衣（严薇摄）

（3）毛毡坎肩（披褂）

布拖女性服饰的独特之处是常年披一件毛毡披褂，对襟，无扣，小领窝。用羊毛擀制成毡片缝制

图 2-100　全身着彝族传统服装的布拖妇女

图 2-101　羊毛坎肩的袖子只有装饰作用

另一种披褂款式与前一种基本相同。披褂里层为毛毡，外蒙棉或化纤布料，然后用手针密纳，一行行密布的线钉使其不仅耐磨、保暖、挺括，而且还能起到独特的装饰作用，是民主改革以后由彝族群众背东西时垫背演变而来的既实用又独特的劳动服饰。在功能上这两种披褂既保暖又便于活动，或坐或立，似鹰耸翅而息（图 2-102~图 2-105）。

图 2-102　线衲无袖坎肩平面结构图

图 2-103　线纳无袖坎肩

图 2-104　用线纳过的毛毡坎肩很挺括

图 2-105　阳光下彝妇在手针密纳毛毡坎肩

2. 羊毛百褶裙

百褶裙外形呈喇叭形，用绵羊毛“腰机”平纹织布方法织成，质地厚重，裙中节和底节褶裥细而密，上段少褶，裙底边环贴一圈约20厘米宽的湖蓝或大红色布条，并在这一圈上面平行地环贴两条青或红布细条，底边缝一根粗的红毛线装饰（图2-106、图2-107）。用当地的植物染料“傀”手工染成深蓝色，是真正的“原生态”服装。由于手织羊毛面料的厚重，穿起来裙褶四散，飘洒而俏美，更显女性婀娜体态，充分体现了手工布的自然美与羊毛织物的亲和力。

需要说明的是，布拖地区传统的百褶裙并不是由多个直立布幅缝合成的桶状，而是由手工纺织的羊毛布经向横放，竖三层拼接而成的扇形片状，上节少褶为裙腰，中间节有少许褶裥，在下节抽有细密的皱褶（图2-108）。穿时将裙片围在腰上，再用一根带子将裙片捆上，让百褶裙侧缝相互重叠一段，就成了一条完美的百褶裙。现在一些边远彝区百褶裙的形制和穿法仍然如此。

图2-106　布拖手工拉褶棉布百褶裙（严薇摄）

（1）羊毛百褶裙拉褶工艺

布拖羊毛百褶裙采用锥子起褶或手针拉褶工艺，褶裥风格生动、厚重、有灵气，是最原生态的百褶裙。图2-109～图2-114所示为羊毛百褶裙抽褶工艺流程。

图2-107　布拖彝族服装店里卖的棉布百褶裙

图2-108　传统百褶裙是片状，穿着时围在身上即可

图2-109　用锥子将羊毛布起褶

图2-110　将抽好褶的羊毛布用红毛线捆卷起来

图2-114　布拖西溪河彝家衣裙的存放方式

（2）棉布百褶裙拉褶工艺

图 2-115、图 2-116 所示为棉布百褶裙抽褶工艺。

图2-115　手针串缝拉褶

图2-111　将做好褶的羊毛布捆扎好，在太阳下晒干

图2-112　给羊毛百褶裙拉褶的彝族妇女

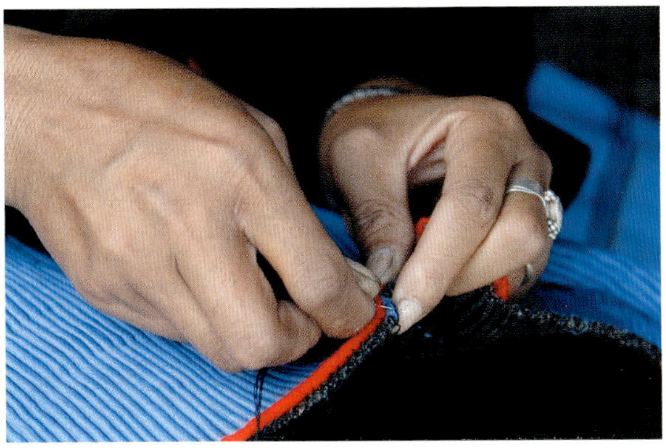

图2-113　在底部外层覆上蓝布，在裙底摆缝上装饰的红色毛线

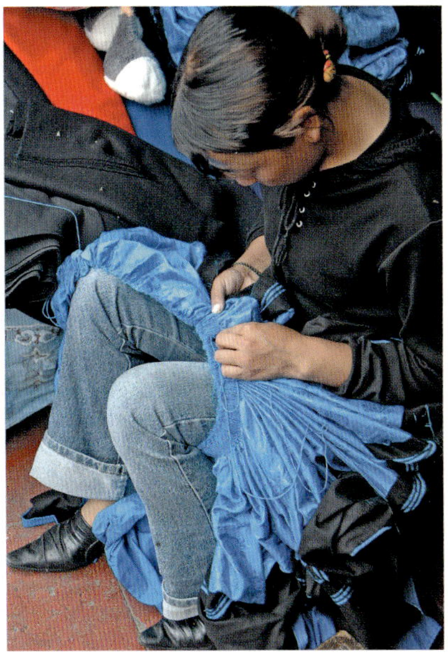

图2-116　布拖彝族服装店拉褶的情景

（二）男子服装

无论是上衣或是裤子，布拖男装是作为日常装穿着最多的服装，充分地体现了服装的审美和实用功能的完美结合。

1. 盘扣上衣

上衣为棉质紧身单衣，衣长以短为美，约 40 厘米，长不过脐，以不掩腰为美，高腰，窄袖口。面料颜色多为黑和深蓝色。在前襟、底摆、袖口等处用缝纫机机绣波浪形、菱形等二方连续纹样。由于绣线比较细，绣出的纹样不是很突显，又以素色绣线为主，故更显庄重、朴素、神秘、高贵等特点（图 2-117）。

布拖地区非常注重上衣扣袢和扣子的装饰与设计，男装的扣袢比女装更有特色，扣袢用各色斜丝布条盘制而成，扣袢长 10 厘米以上，有的扣袢长从前腹到后背，做工很是精致。扣袢排列或密集整齐，或三两根、或五六根组合排列。扣子是硕大闪亮的银色金属扣，古时有银扣和铜扣之分，用纯银或铜铸成，最大的扣子一个约 1 两重。扣子恰到好处的点缀，使素净的男上衣独具风格（图 2-118）。

2. 小裤脚裤子

特点是裤脚窄小，小到只够将脚勉强伸过去，因而被称为小裤脚。裤脚口虽小，但裤裆却宽而深，裤腰大，穿着后形如马裤。一条成人男裤需布料 300 厘米以上。喜用垂感强而柔软的金丝绒面料，用这种布料做成的小裤脚下装，更加华丽美观。裤子没有过多的色彩和块面装饰，但线条分明，款式潇洒，穿上能体现出男性的自然美。可能是款式比较方便、利落，因此在布拖基本作为男人日常装来穿着（图 2-119~ 图 2-122）。

图2-117　布拖黑彝男子上衣（严薇摄）

图2-118　侧门襟硕大的仿银扣子

图2-119　布拖小脚裤和腰带（严薇摄）　图2-120　裤子背面效果

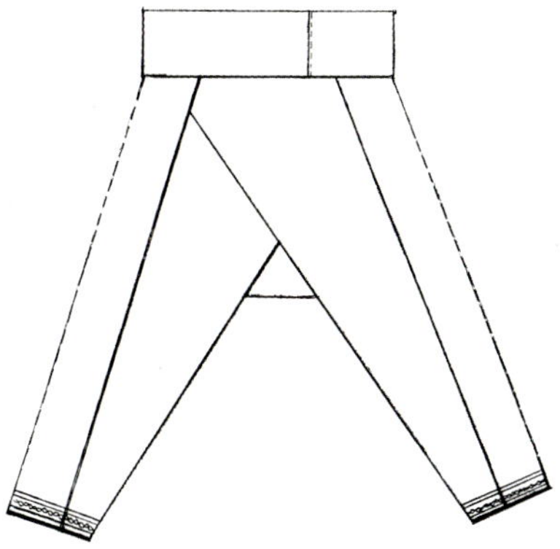

图2-121　裤子结构图

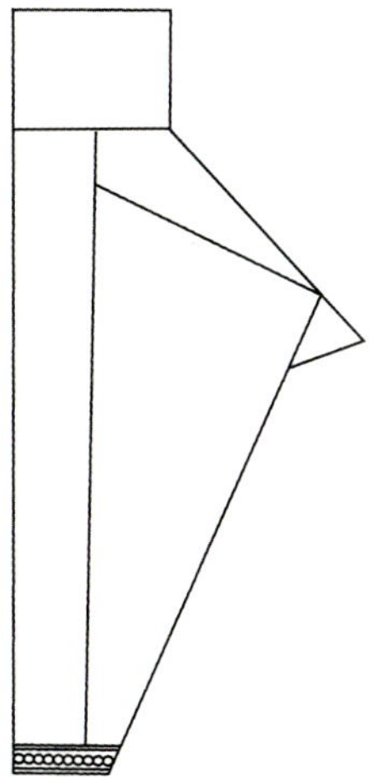

图2-122　裤子侧面结构图

二、普格地区彝族服装

普格县位于四川省西南部，凉山彝族自治州东南部。至2006年底，全县总人口14.4万人，其中彝族人口11.1万人，占总人口的77.1%，是以彝族为主体的少数民族聚居县。

境内气候宜人，冬暖夏凉，日照充足，雨量充沛，具备良好的自然条件。普格是凉山彝族火把节的发祥地之一，火把节盛装服饰独具特色。

（一）女子服装

款式基本与布拖相同，内长衫外背心或半袖。服饰的整体风格比布拖的服饰要花俏、繁复，服饰上的纹饰、色彩搭配、工艺都有自己独特的地域特色。

1. 上衣

（1）中长衫

内穿的长衫比布拖长衫短，一般在膝盖以上。从腰部左右侧开长衩，领分有领与无领，一般用湖蓝色棉布或灯芯绒制作，有的配夸张的银质大纽扣（布拖只限男装用，而普格男、女装都用）和中式盘扣，在门襟、肩、背、袖口、袖臂等处镶嵌和绣有各式的盘花和贴花以及些许花边装饰（图2-123、图2-124）。

（2）半袖罩衣

分直门襟和右衽襟、有领与无领，底摆侧和后开衩，面料以深蓝色呢料为主。沿胸、肩、背和底边等处，绣满了各式色彩鲜艳、图案繁复的漩涡纹和抽象的植物纹样。工艺主要以斜条盘花、拼贴绣、花边装饰为主（图2-125~图2-127）。

图2-123　中长衫喜欢用有花纹的灯心绒制作，再配上硕大的仿银扣

图2-124　中长衫的背面图

图2-125　中年妇女直襟半袖罩衣

图2-126　老年妇女直门襟冷色调半袖罩衣和中长衫

图2-127　半袖罩衣和中长衫的背面

（3）背心

分直门襟和右衽襟，自带立领，侧或后开衩，面料以深蓝色呢料为主（图 2-128~ 图 2-130）。

2. 裤子、百褶裙

平常穿蓝、黑色裤子，百褶裙一般在婚、丧或过节时穿。底端一般为黑色，中间两节为白色，以棉布或化纤面料用电熨斗烫褶而成（图 2-131）。

图2-130　青年女子直襟背心

图2-128　右衽背心

图2-129　装饰硕大银质扣的直门襟半袖

图2-131　普格火把节着黑白裙盛装的情景

（二）男子服装

1. 上衣

普格男子上衣与布拖男子上衣款式和纽扣基本相同，但面料喜欢用深蓝色呢料，在前襟、底摆、袖口等处机绣的花纹色彩比布拖的要鲜艳一些（图 2-132）。

图2-132　红色立领青年男子上衣

图2-133　普格男子服装丝绒小裤脚

2. 小裤脚裤子

小脚裤、腰带与布拖的完全一样（图 2-133）。但由于普格离西昌比较近，彝族传统服装被汉化得比较严重，男子平常难得穿传统服装。

第四节 “圣扎”方言区服装

该地区彝族人讲“圣扎”方言，俗称“中裤脚”地区的彝族服装，即男子所着长裤裤脚宽约60~100厘米，比依诺地区的大裤脚稍窄。主要包括越西、盐源、喜德、冕宁、木里等县和部分地区。

一、越西地区彝族服装

越西位于凉山彝族自治州北部。据县政府办公室2008年公布数据，全县总人口26.95万人，其中彝族人口19.13万人，占总人口的70.99%。境内岭谷相间，沟壑纵横。气候属亚热带气候区，天气凉爽，雨量充沛，四季不太分明，夏季短暂，春迟秋早。

越西有着丰厚的文化底蕴，是零关古道的交通要塞、文昌文化的发祥地及红军长征播下火种的地方。此外，能见证越西二千多年悠久文化历史的有“南方丝绸之路”驿道，沿线板桥乡境内的“树衔碑”、丁山乡境内的“双石桥”、南箐乡境内的崖画等。这里有风光绮丽的长海、小桥流水的古镇、多姿多彩的民族风情和服饰。

（一）女子服装

内穿过臀中长衣，外罩无袖右衽背心。

1. 上衣

（1）中长上衣

青年女子衣长至大腿，窄袖口，两侧开衩，底摆为圆弧形。前门襟纹样造型有两道弧线。衣料多用深蓝、黑、绿等斜纹或毛呢布料。环门襟边、项背、肩、手臂、前后底襟镶嵌红、黄、绿牙边，再用彩布斜条盘绣鸡冠、窗格、火镰等二方连续纹样，有的在底摆两侧和中间装饰大朵蕨岌纹。服饰色彩青年妇女喜穿紫、绿、黄、蓝等色；中年妇女多用天蓝、绿、青等深色（图2-134）；老年妇女一般为冷色调素衣，而新娘婚礼服则采用明艳的黄红色。

（2）兔毛镶边背心

右衽，两侧开衩，中式盘扣，布料均为黑或深蓝色毛呢。环前门襟、肩、背多以各种色布折叠成“鸡冠齿”，依次镶嵌成立体感较强的弧线。在袖窿、下摆、侧衩均镶一圈雪白的兔毛饰边，显得别具一格。中老年妇女服装纹样色彩主要以绿、蓝、紫色为主，偏冷而统一的色调使妇女们颇显庄重而不失风韵（图2-135）。

图2-134 中年妇女上衣和背心

图2-135　中年妇女上衣和背心

（二）男子服装

1. 上衣

青年男子外衣紧身窄袖，两侧开衩，矮领，环门襟、肩、袖臂、侧摆、前摆多以色布折叠成“鸡冠齿”镶嵌成立体感较强的装饰线数道，在外层再用蓝或绿色斜布条盘成窗格纹（图 2-138、图 2-139）。中老年男子外衣一般较宽大，绣花装饰部位与青年男装相同，但仅限于装饰黑色的牙条和镶嵌黑布面数道图（图 2-140）。面料以青、蓝色斜纹布料为主（图 2-141）。

2. 中裤脚裤子

裤脚宽约 80 厘米，较依诺地区的大裤脚窄些，俗称中裤脚。

2. 百褶裙

中青年裙子的中、下节多用红、绿、黄、粉红、天蓝等艳色；中年裙多用紫红、蓝等深色；老年裙则用蓝、黑色（图 2-136 、图 2-137）。捆束裙腰的带子，多用羊毛擀制的毡带，长约 100 厘米，宽 6 厘米左右。

图2-136　越西老年服装

图2-137　老年百褶裙

图2-138　青年男子上衣

图2-139　上衣背面

图2-140　镶嵌黑色门襟的老年男子上衣

图2-141　越西着彝族传统服装的一家

（三）斜条盘绣工艺

越西的斜条盘绣工艺在凉山是最为精雕细琢的，斜布条裁得很窄，盘出来的线条细、圆而饱满，排列的二方连续纹样惊人的均匀，针法细致工整，工艺精细而完美无缺（图2-142、图2-143）。

图2-142　斜条盘花工艺之一

图2-143　斜条盘花工艺之二

二、盐源地区彝族服装

盐源是古代南方丝调之路的必经之地，曾以盐铁之利而繁荣，以“南丝绸之路”而兴盛，享有“高原明珠”、“绿色长廊”、“中国乌拉尔”、“金盆宝地”等盛誉。

（一）上衣

1. 青年女子右衽背心与上衣

该地区的服装色彩艳丽，青年女子喜穿红、绿、黄、橙等色外衣，外加右衽背心（图2-144、图2-145）。

图2-144　暖色调女子服饰

图2-145　冷色调女子服饰

2. 中老年妇女直衽背心与上衣

喜着丝绒或灯心绒右衽上衣，外加对襟背心（图2-146~图2-148）。

（二）百褶裙与丝线腰带

年轻女子百褶裙中段多为绿、蓝、红饱和颜色；中老年妇女则喜穿蓝、绿、青等色的百褶裙。红、绿、蓝百褶裙与各色丝线腰带搭配（图2-149）。

图2-146 盐源老年妇女服饰

图2-147 穿蓝黑百褶裙的妇女

图2-149 百褶裙配丝线腰带

图2-148 中年妇女服饰

盐源百褶裙拉褶工艺：盐源百褶裙以棉布和化纤面料为主，棉布拉褶一般采用锥子掐褶，方法是洒水、用锥子折褶、用脚压，这种工艺制作的褶裥生动有活力（图 2-150），而化纤面料一般采用电熨斗烫褶。

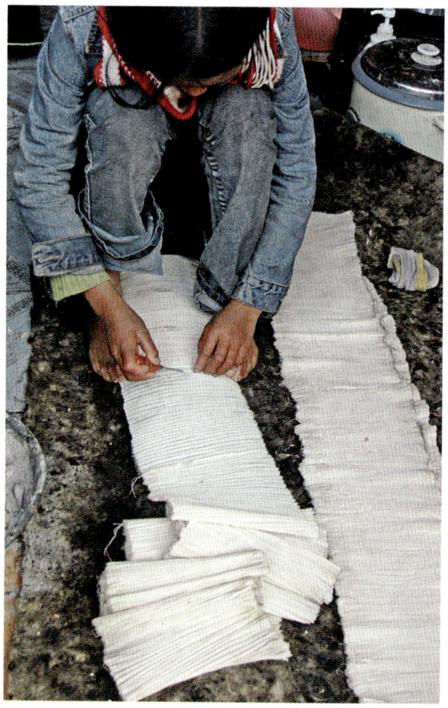

图2-150 锥子掐褶要压两次

第三章
发式·头衣·头饰

发式、头衣与头饰在彝族服饰中占有重要位置。彝族历来就有“重头轻足”之说。究其因：其一，认为头部代表人体最神圣的位置。凉山彝族人认为头顶与天穹最接近，是人的灵魂所在，故其顶发和头衣最为珍贵，因此有“金头天足”之称。 其二，以头部作为识别民族的标志，通过头饰可以区分不同人群所属的民族、地区、支系，进而识别其尊卑、亲疏、身份。

第一节　发式

许多少数民族都有重视头部装饰的习俗，居住在大凉山的彝族同胞，特别注重头部的装饰，并以多彩的发式、头衣、头饰形成独树一帜的头饰文化。“鸟美在羽毛、人美在头饰”成为他们对传统头饰文化最好的诠释。同样彝族尔吉尔比（谚语）中有：“汉族重脚，藏族重腰，彝族重头”也说明了彝人对头部装饰的重视。

凉山彝族的发式、头衣、头饰体现了其文化传统、宗教习俗、审美心理和生存状态。彝族妇女用于遮挡高原太阳和风雨的头帕、荷叶帽、包头等，在将头部装饰得美丽大方的同时也达到增加女性身高的修饰作用。

一、女子发式

（一）辫发

辫发，也称编发，是将头发分为数缕，然后编结成辫。据考古资料记载，远在旧石器时代晚期，人类就已经编发了。1973年在青海大通县上孙家寨出土了与仰韶文化相近年代的大通舞蹈盆。盆内绘有三组舞蹈者，每组五人牵手横列，跳着轻盈的舞蹈。舞蹈者除身穿长裙，在后襟下端还有一条较长的尾饰外，头上都梳有发辫，且都是头向右摆。夏、商、周三代，比较有特点的发式，是把辫发梳成双股，并留得很长，直到腰际。洛阳金村战国墓出土的青铜女佣，就是这样的发型，更有甚者，有的发辫还要垂到臀部。为了使自己的发辫达到理想的长度，那些发短的女子则在真发发辫的尾端接一段假发，以充长辫。四川成都百花潭战国墓出土的嵌错铜壶纹饰上，就描绘着这种发式。在这幅采桑图中，有两棵桑树，桑树上有女子采叶，树枝下站着几个男女，有的提筐，有的持弓，正从事着劳动。从图中可以看到凡是爬在树上的女子几乎都梳着长辫，辫梢还有一段交叉的短线，显然就是接的假发。在树下站立的妇女中间，也有几个人作这样的装束，可见这种发式在当时是很流行的。战国以后，在汉族女子中，由于发髻的流行，梳辫发者日益减少，但在凉山彝族地区，却一直保留着辫发这种古老的发式。

凉山彝族地区的儿童，不论男女，一岁左右开

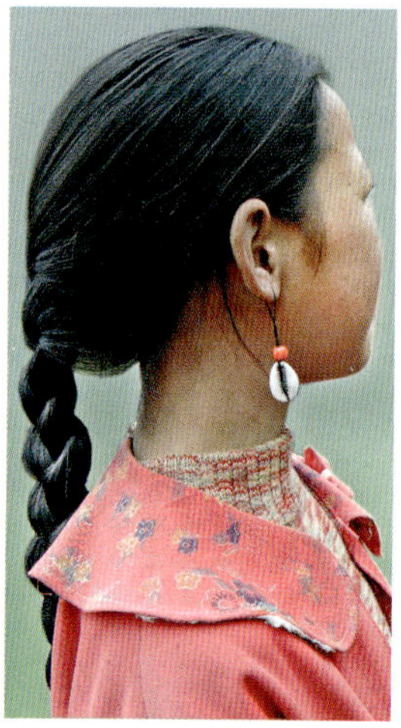

图3-1　女孩梳独辫

图3-2　普格姑娘先梳发辫再盘发辫

图3-3　年轻姑娘粗大的辫子挂于脸旁

始戴帽。美姑地区的儿童一般戴鸡冠帽，其他地区的儿童戴虎帽、兔帽等。至五六岁时，男孩开始留“天菩萨”，即成年后在头顶挽结而成的发髻；而女孩蓄发梳独辫垂于脑后（图 3-1），辫尾系红色毛线。少女 15 岁左右举行换童裙仪式后，表示已经长大成人，头发分梳成双辫（图 3-2），交叉盘绕压在头帕上（图 3-3、图 3-4）。若尚未出嫁而已成年者，亦可择日分梳双辫。中老年妇女也梳双辫，将两根辫发交叉盘绕头顶后，别入脑后的头绳中（图 3-5、图 3-6）。总之，粗大的辫发是彝族女子头式的一个重要组成部分。辫发可以与各种头巾、头帕和帽子组合、搭配。

凉山各地区女子辫发的款式和梳理方法基本相同，这里以美姑彝族妇女辫发为例说明辫发的盘绕方法、步骤：先在发根处将分好的两股头发用一根红毛线扎紧，再分别编成辫子，红头绳一定要将两边发辫连接在一起［图 3-7(a)］，然后将两发辫分别从两侧绕耳朵交叉于头顶，再盘回脑后固定于两发辫之间的红毛线下［图 3-7(b)~图 3-7(e)］。

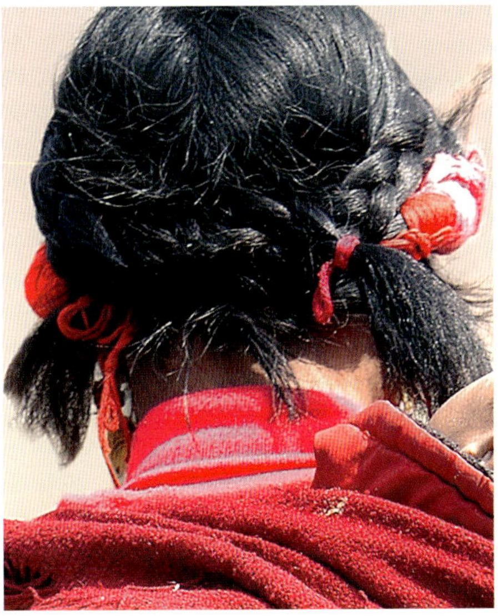

图3-4　发辫后面的盘法

图3-5　普格老妇用一根头绳与辫发一起盘好

图3-6　后面效果

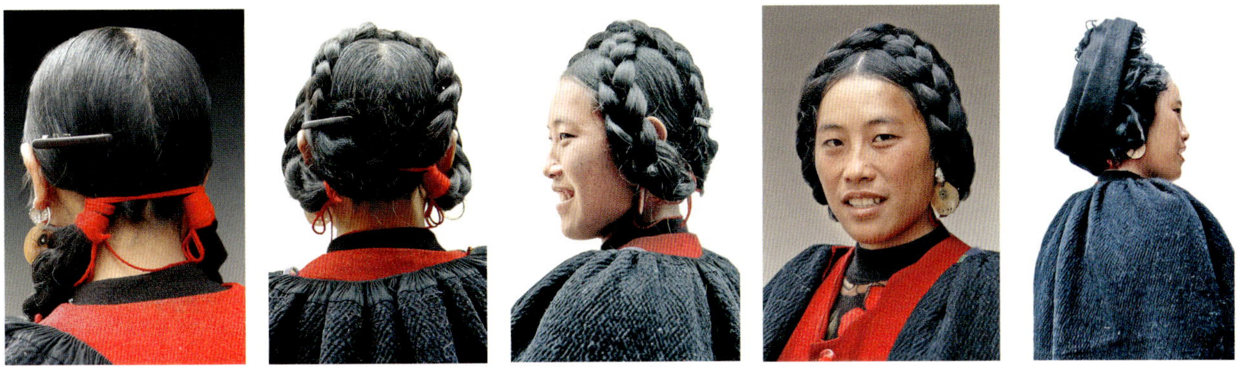

(a) 用红毛线将辫子根部捆扎好

(b) 顺耳边在头顶交叉盘绕

(c) 辫发梳好后的侧面效果

(d) 辫发梳好后的效果

(e) 在辫发上捆扎头巾的效果

图3-7　辫发的盘绕方法

图3-8　用红毛线捆扎的地方是真假发辫的连接处

图3-9　美姑柳洪少女的辫发接了假发辫

（二）假发辫

1. 接的假发辫（髲髢）

中国古代妇女以长发为美，尤其在盛行高髻的时代，头发的长短、疏密既可以判断一个人的身体健康状态，也是衡量女性是否美丽的标准之一。而那些发短、发稀、甚至脱发、秃发的妇女就只有借助于假发来装饰自己，中国服装史上称之为“髲髢”。“髲”，本指人的真发，因被剪下来用于他人之头，故被视为假发。髲又作“髢”。虽字型与读音相异，但其意思则一样。用假发做成的发髻，在古代被称为“副”，与副相关的假髻还有编、次，在盛行高髻的时代，假发使用十分普遍。

凉山彝族无论男女都以发多为美，是一个崇尚多发的民族，充分体现了“头发是生命力的象征”的生命观。故头发少或发辫不够长的彝族妇女就将买来的“真人”发辫或人造假发辫接在真发的后面，与真发一同盘绕在头帕上（图3-8）。

图3-9中这位美姑柳洪地区的少女就是在戴帕子前，先将辫子编好，真发辫不够长就需接一段假发辫，将连接处用红头绳捆扎好，然后将辫子盘起来，而露在脸旁的发辫是整体形象设计和造型的一部分。

2. 装饰荷叶帽的假发辫（巾帼）

凉山彝族妇女历来有戴假发辫以及用真、假发辫来捆扎头帕和荷叶帽，并以之为美、为饰的发式习俗。假发辫的高、低、粗、细会因不同地区而有所差异。这种用假发做成的发式在服装史上被称之为“巾帼”。

巾帼也是一种假髻，但与髲髢有别。髲髢是头发稀少者掺入他人头发梳成的发髻，而巾帼是用假发（如丝、毛等物）制成貌似发髻的饰物，使用时直接戴在头上，不再需要进行梳挽。

在汉代诸多文物资料中，已有巾帼样式的实物。例如四川忠县涂井汉墓出土的女佣，其头上就戴有巾帼。北京故宫博物院收藏的汉代陶佣中也可见到。唐代妇女喜高髻，故假发尤盛。辽宋时期，妇女中流行过一种“花髻”，是没有花饰的假髻，在宋代被称为“特髻”。元、明、清三代，戴假髻的习俗一直传承不衰。形制高、低、大、小多有变化，皆因地域、环境及个人身份而异。

图 3-10~ 图 3-12 所示为越西地区用化纤假发辫来装饰荷叶帽的情景。

图3-10 越西地区妇女头上是真发辫，而盘在荷叶帽上的是假发辫，并且假发辫是固定在荷叶帽上的

图3-11 越西古镇上赶集时，路边卖的假发和假发辫

图3-12 越西地区的假发辫以粗为美

二、男子发式

在我国，汉族和少数民族的服装、发式都经历了漫长而复杂的发展演变过程。一些少数民族因地域、民俗、宗教等原因，受汉文化的影响较少。因此，他们古老的服饰、发式得以较完整地保持和流传下来。

从古至今，大凉山彝族男性无论老幼都在头顶至前额之间留一绺头发，长度 10~300 厘米不等，将头顶的长发盘成髻，其余的头发都剃光，此发式彝语称为“助尔”，汉语称“天菩萨”（图 3-13、图 3-14）。“天菩萨”是彝族男子的身份符

图3-13 布拖“苏里”的“天菩萨”

号。其梳理方法是：用双手在头顶将长发撮拢成一绺，从发根开始由右至左扭转，使散发成绳状，先盘底部，再按相同的方向绕着发根紧挨头部向上盘绕，多绕几圈使其粗壮一些，待头发长度盘过半后，就向上盘，形成下粗上细的螺髻形，最后将发梢别入盘好的头发中（图 3-15、图 3-16）。发髻高约 10~15 厘米，为使发髻高而挺，有时需

图3-15　盘好后的“天菩萨”

图3-14　美姑老人的“天菩萨”发髻最多可以有9个

要在发髻中间插入一根竹棍或动物的骨头，如刺猬的硬刺等。古时候人们最喜爱用的是老虎的小骨头，也许是他们认为虎骨能赋予发髻更大的神性和威力。需要特别强调的是“天菩萨”只能从右至左顺时针方向盘绕，只有为故去的人盘发时才从左向右盘，与生前相反。“天菩萨”通常不梳洗，洗头时只洗其他剪短的头发，不洗长发，

(a) 昭觉“天菩萨”的盘法

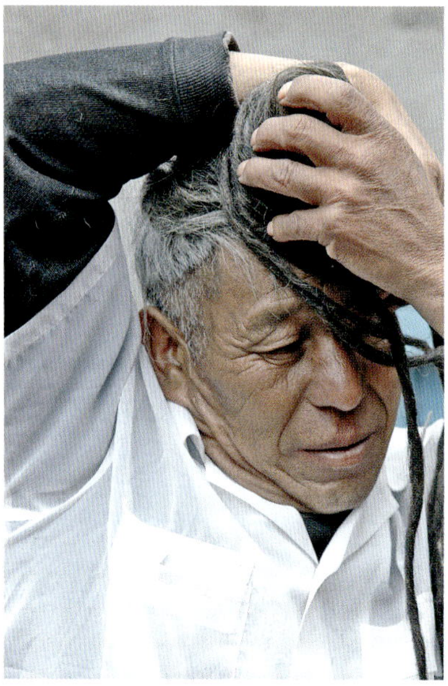

(b) 从右至左由下盘到上

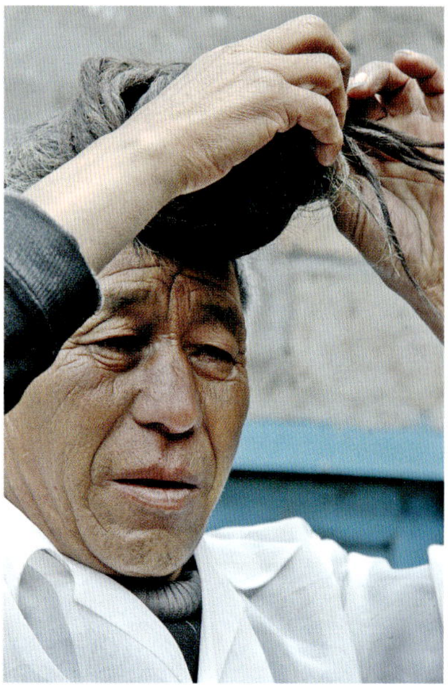

(c) 最后将发梢别入盘好的头发中

图3-16　“天菩萨”的盘绕方法

图3-17 剃头刀

图3-18 散开的“天菩萨”

长发结成一绺一绺的无数小股，变得较硬，便于盘成发髻。在平常的日子，“天菩萨”一般不散开，晚上睡觉时也是挽髻而眠，只有“毕摩”❶和“苏里”❷在举行规模较大的宗教祭祀活动仪式时，才会将发髻散开。几米长的头发随着“苏里”的鼓声、“毕摩”的念经声曳动、飘扬，舞动的长发也为现场的气氛平添了几分神秘感。平常毕摩、苏里的头发也都是挽成髻的。夏天“天菩萨”外露在头顶上，冬天由于天气寒冷需用几米长的黑色头巾和长发一起结扎成椎髻，头巾缠绕的方法和方向与“天菩萨”的盘绕方式相同。

“天菩萨”四周的短发长到一定的长度时就要剃掉，剃刀是磨得非常锋利的小砍刀（图3-17），也有用剪刀剪或用刮胡刀刮的。一般剃发时是由男子持剃刀，父亲、兄长或邻里、亲戚都可以，持刀人手上力量的轻重非常重要，轻则无法剃光头发，重则伤及头皮，而彝族男子基本上都会剃头发。

“天菩萨”的长度和发式根据不同地区和不同身份会有区别：如“所地”方言区的普格县西洛镇椰底乡有位彝族老人发长约2.88米，最长之处3米多（图3-18）。“依诺”方言区的昭觉县普通彝族男子只在脑前顶留一撮约10厘米长的头发，任其自然蓬松着，而四周的头发全剃光（图3-19），也有留长发挽结成高髻的（图3-20）。而美姑地区的“天菩萨”却是在头顶留5~9个不等的小发髻随意地耷拉在脑袋的四周（图3-14、图3-21、图3-22），或者将长发盘绕在头的四周而不是捆扎成发髻（图3-23~图3-25）。“天菩萨”是凉山彝族男性尊严之所在，它象征男性的神圣不可侵犯，除父母长辈外，严禁他人触摸，女性、小辈和低于自己等级者尤讳。凉山彝族旧时有不成文的约定：“打架时碰着‘天菩萨’，同等级要用一锭银子、一只羊作为赔偿；夫妻打架，妻子不能抓丈夫的‘天菩萨’，否则也要向丈夫赔礼；白彝摸了黑彝的

❶ 毕摩：彝语音译词，亦称“白马”、“呗耄”等，意译“觋爸”。彝族巫师。主持念经祭祀，执行所谓神明裁判等活动，有些也会用药行医治病。一般不脱离生产。

❷ 苏里：彝语音译词，亦称“苏尼”，苏，即“人”，“他人”，“尼”即“动作”，“职业”，“尼”指动作时就是以一种特有的动作或行为来驱遣鬼怪邪魔的巫术仪式，指职业时即彝族传统社会中以驱遣鬼怪邪魔为业的职业巫师。

图3-19　昭觉老人的短“天菩萨”

图3-21　将“天菩萨”挂在头的两边

图3-23　美姑自然散开状的“天菩萨”

图3-20　昭觉老人的“天菩萨”

图3-22　后面效果

图3-24　美姑“天菩萨”可盘绕在头的四周

‘天菩萨’，要赔偿一两黄金、一头牛，重者会引起冤家械斗。”

“天菩萨”属一种椎发，即束发为髻。椎发是原始社会后期的一种古老发式。《汉书·陆贾传》颜师古云：“椎髻者，一撮之髻，其形如椎。”从发髻的发展来看，大致经历了三个阶段：先是挽发成髻，尚无束发的饰物，只是以头发自行缠绕。《二仪实录》中有记载“燧人氏时为髻，但以发相缠，而无物束缚。”后来，束发成髻，以绳系之。《事物经原·头须》中对此也有记载：“至女娲之女，以羊毛为绳，向后系之，后世易之，以丝及彩绢，名头须，绳之遗状也”。进而是以笄贯发成髻，将长发盘成发髻，然后用笄贯住头发，使其不会脱落与散开。由此看来彝族的“天菩萨”起源非常早，属最古老的发式之一，是彝族服饰文化的典型代表。

图3-25 没剪过的“天菩萨”由深变浅是岁月的记载

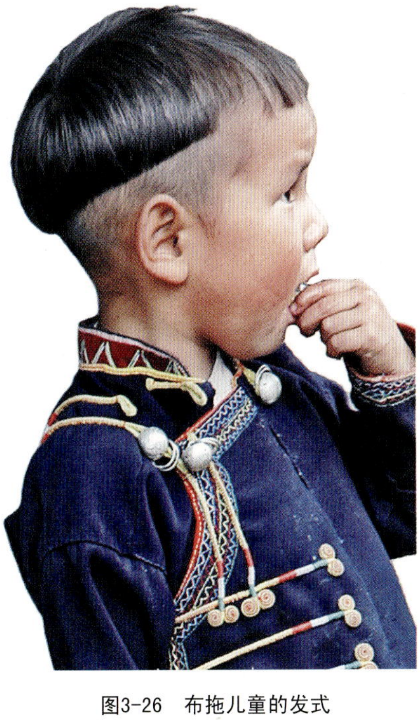

图3-26 布拖儿童的发式

发式作为一种文化现象，就不是简单的个人心理的任意表现，而有其产生的历史根源，社会根源和某种实用功利目的。据考证，在彝族文字出现之前，原始图画表示人的符号“ ”中，头上的一斜划，意指彝族男人神圣的发髻——“天菩萨”，可见其历史的远久。这与其历史迁徙和奴隶社会的掳掠性战争紧密相关。历史上，彝族是一个多战争的民族，彝族祖先作为不断迁徙的游牧民族集团，不可避免地要与前进途中遭遇的土著民族战斗，加上各“家支”[1]之间的势力纷争，战争连绵不断，人们有一种共同的信仰：头顶上的长发具有一种神灵的力量，有了“天菩萨”的存在，死神就不会降临到自己身上，所以“天菩萨”会给人带来好运，是吉祥的象征。

如今，在大凉山昭觉和布拖县等地，留“天菩萨”的一般是毕摩和苏尼，年龄大约在五十岁左右，他们从出生起，头顶上的长发从未被剪过，他们没读过书，不懂汉语，会一些彝文，是彝族传统文化的传播者和继承者。四十岁以下的彝族男子基本上没有留“天菩萨”的。在“所地”方言区的布拖县普通彝族男子，头顶留一大片约 15 厘米长的半长头发，周边一圈的头发剃掉，像一顶帽子戴在头上（图 3-26）。

凉山很多地区的彝族男子之所以至今仍保留着“天菩萨”这一古老发式，究其原因是多方面的。如前文提到的彝族男人相信“天菩萨”在战场上会保佑人平安，能通灵，是一种吉祥之物，是生命的象征。彝族祖先都留椎髻，他们认为如若没有了“天菩萨”，人死后就得不到祖先的认可，灵魂就没有安身之处，故留“天菩萨”的习俗在偏远的凉山地区得以较完整地传承。另外从地理条件上看，凉山地处我国西南边陲，自然条件比较恶劣，山高路险，交通不便，与外界的交流比较困难，所以能够长期保留着椎髻这种比较原始的发式。从服饰的实用功能上讲，椎髻这种发式使头发不会四处散落而便于劳作，因而为彝族男子所普遍采用。更为深刻的原因在于，凉山

[1] 家支：是历史上彝族社会的基本组织结构，是按照父系血缘纽带组成的，内部不通婚的社会集团。家支是家和支的总称。

彝族至今还信守着古老的原始宗教信仰、较原始的生产方式、生活方式和古老习俗。他们一年四季以洋芋和荞麦为生，生产方式基本上是“刀耕火种”。由于土地的贫瘠，不能每年都播种，土地只能耕种一年，空息一年，俗称“轮息地”。有些偏远地区，如布拖的西溪河乡等还保持着原生态的生活方式。

头发在中国古人的心目中已被神化，它已不限于装饰，还包含着多种思想的要求与愿望，这些都体现了头发深奥的文化内涵。首先，头发在中国传统文化中有着极为丰富的民俗观念，蕴涵着许多历史文化的沉淀。从原始的“万物有灵”观念出发，古人认为人的灵魂就深藏在头发之中，头发掩藏下的囟门处是灵魂出入的地方。因此，在人生的重要过渡阶段，人们很注意对头发的保护，如出生后剃胎发，必须保留囟门位置的一块。又如古人从头发具有顽强生命力不断生长的特点出发，把头发看成是生命的一部分，人若无发或剃掉头发，都将影响人的健康和生命。因此，在古代，人们视发如宝，剃发往往意味着遭遇到生死攸关的大事。历史上成汤剪发为祈雨，曹操剃发以代首，杨贵妃剪发以示离开人世等，都表达了一个共同的信仰——头发是生命的象征。彝族人至今仍保留“天菩萨”于头顶，也出于同一种观念。

作为发式，头发是人体装饰的重要组成部分，属于服饰文化的范畴，它与服装等人体装饰是同步发展的。当人类从原始的以兽皮、树叶为衣，到有了最初的礼服，发式也从纷乱无章的状态，改变为披发、剪发、椎髻、编发等。随着社会的进步，人们不断丰富和发展着发式与发饰，每个时代的发式风格都与同时代的服饰风格和谐地相匹配。彝族人民是天生的服饰设计师，高贵的“天菩萨”、独特的“察尔瓦”和披毡、大裤脚或小裤脚裤子、跣足……全身的搭配和谐统一，个性鲜明，体现了彝族服饰独有的艺术魅力和深远的文化内涵（图3-27、图3-28）。

图3-27 美姑现代“天菩萨”

图3-28 美姑“天菩萨”

第二节　头衣

头巾、头帕、帽子等都是头衣的组成部分。对于西南少数民族来说缠头帕、戴头箍者居多；北方民族则主要以头巾、帽子为饰。头衣形式的多样化是少数民族服饰的重要特点。每个民族及各支系都有自己独特的头衣，不易混淆。

头衣，古代称“元衣”或“首服”，包括巾、帕、帽、帻等一切裹首之物。 戴帽是为了防寒和保暖；扎巾是为了敛发和便利。此外，在古代称为“冠”的亦属头服。而戴冠是为了装饰及显示身份，是礼服的必要构件。凉山彝族除了儿童戴的鸡冠帽、虎帽等兼具冠的特点以外，戴冠较少。

图3-29　昭觉用丝巾缠成的包头

图3-30　昭觉妇女包头

凉山彝族头衣，特别是女性头衣，在其一生中要更替好几次。特定的头衣可标志女子不同年龄阶段、不同身份。凉山彝族头衣横向从类型上分为头巾、头帕、帽。纵向按年龄阶段分为儿童戴鸡冠帽、少女顶“头帕”、结婚生育后的妇女戴荷叶帽或缠头巾。

一、头巾

用长巾或方巾以各种方式包缠头部，凉山彝族无论男女成年后都以黑色的头巾包缠头部，彝语称“俄贴”，南方许多少数民族称之为“包头”。包头在凉山彝族头衣中运用较多，彝族人喜欢缠头巾是因为他们常年生活在高山地带或丛林之中，缠头巾具有三大功能：一是高山风大，“包头”可以御寒；二是山林之中荆棘丛生，劳作时可以保护头部；三是“包头”增加了美感，高高的包头使人具有端庄、秀丽的美（图 3-29）。

不同的方言区和支系包头巾的方法和样式千差万别。有的包缠、有的披搭，有的包缠与披搭结合，使头巾包缠方法更为丰富，而且不同的样式成为区别不同支系和方言区的标志。

（一）女子头巾（包头）

1. 长巾包头

长的头巾长达 1000 厘米，短的也有 300 厘米。长巾一般都采用包缠式方法，包缠样式层出不穷，并象征着多种意义。

凉山彝族妇女一般到 40 岁左右才缠包头巾，在昭觉中、老年妇女比较喜欢缠头巾（图 3-30、

图3-31　昭觉包头正面样式

图3-33　头巾的缠法

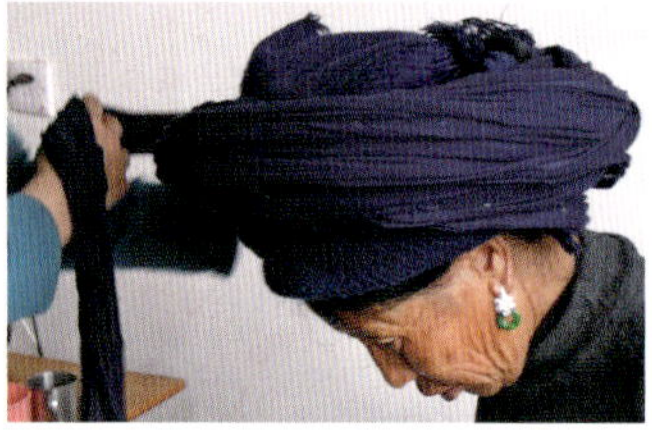

(a) 先包方形头巾，再盘缠长巾

(b) 头巾从右至左盘绕

(c) 包头后面效果

图3-32　昭觉缠头巾方法

图3-34　美姑柳洪乡新娘包头上挂有菱形银饰

图 3-31)，也有戴荷叶帽的。头巾宽 30~40 厘米，用蓝或黑色棉布长巾做成，头巾的缠裹方法和步骤如下：先将辫子盘好，在里面包一张蓝色或黑色机织围巾［图 3-32(a)］，然后将头巾从右至左盘绕，最后几圈需交叉盘绕［图 3-32(b)、图 3-32(c)］。

昭觉、美姑地区少女或新娘盛装时戴的大盘帽也是用长巾盘裹而成的（图 3-33、图 3-34）。而且更具有帽子的形式，是礼服的重要头饰。

2. 方巾包头

将头巾披搭在头上、帽上或头部的支架上，称为披搭式，是凉山头衣的一种包头的方式。在昭觉、美姑、普格等地区，妇女不分年龄都喜欢包扎一种机织的方形头巾。它具有多种功能：寒冬用方巾包裹头和脸，一些妇女喜欢把它捆在帽子上御寒。而夏天又可以遮阳防暑，是一种实用的头饰。图 3-35~ 图 3-40 所示为不同地区妇女机织头巾的各种包法。

图3-35　夏天美姑机织方巾包头可以遮阳

图3-37　普格妇女用汉族枕巾包头

图3-39　昭觉冬天妇女方巾包头

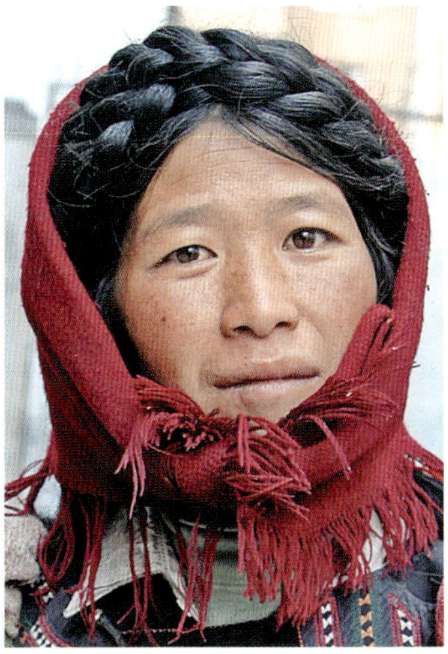

图3-36　美姑方巾披搭式包法

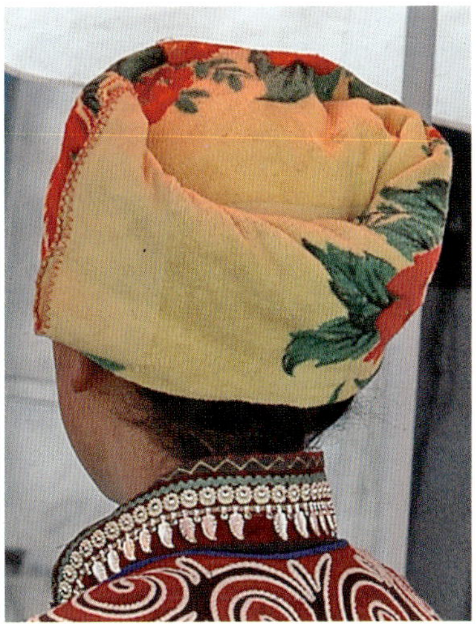

图3-38　枕巾包头后面效果

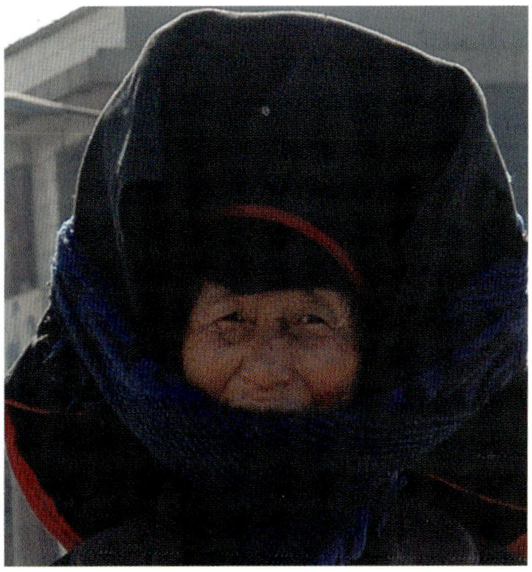

图3-40　盐源老妇用机织方巾捆扎“锣锅帽”

（二）男子头巾（包头）“英雄结”

凉山彝族男子成年后用深蓝或黑色的棉布或丝绸头巾包头，昭觉、美姑等地的男子习惯在头巾的一端裹成尖锥髻，斜插额前，彝语称“兹体”，俗称“英雄结”（图 4-41）。青年男子的英雄结细如竹笋，长约 20~30 厘米，有的在外缠红、黄丝穗或彩线；老年男子的英雄结粗似螺髻，盘于额中。头巾宽约 30~40 厘米，长 500 厘米以上。各地区缠裹方法大致相同，均从右至左，故去的人反之。英雄结有偏左、偏右之分，传说彝族先祖从滇、黔迁徙过往经凉山时，曲涅系家支从左边渡金沙江，古候系家支从右边渡金沙江，故凡属于涅系家支的后裔其英雄结偏左，而属于古候系家支的则偏右。

昭觉老年男子“英雄结”的缠裹方法和步骤：将天菩萨发髻盘好［图 3-42(a)］，用枕巾包好头和天菩萨［图 3-42(b)］，用一短巾捆好毛巾［图 3-42(c)］，一端留出英雄结的长度，另一端将“天菩萨”捆扎好［图 3-42(d)］，用长巾从右至左缠绕［图 3-42(e)］，裹出“英雄结”［图 3-42(f)］。

各地“英雄结”和包头的款式：昭觉“英雄结”见图3-43；美姑“英雄结”见图3-44；图3-45；布拖的包头不缠“英雄结”见图3-46；普格的包头不缠“英雄结”见图3-47；越西的“英雄结”将长巾搓成条状，从下至上盘成圈状，“英雄结”细如竹笋，英俊而潇洒，见图3-48。

图3-41　昭觉老年男子“英雄结”

(a) 将发髻盘好

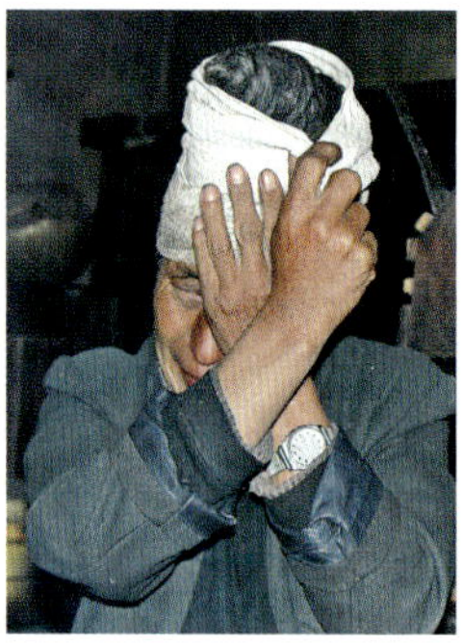

(b) 用枕巾包好头

(c) 捆好毛巾

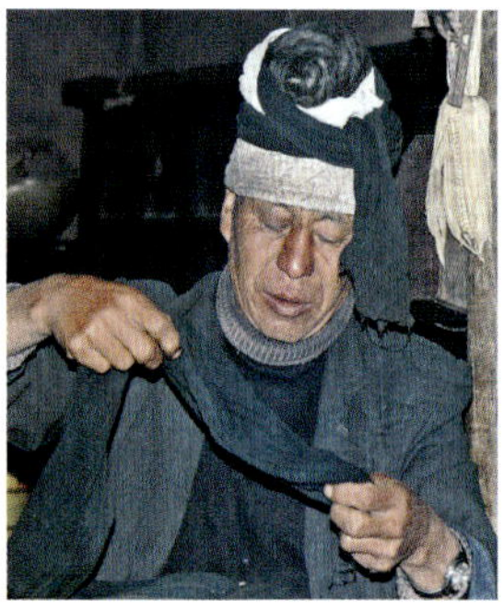

(d) 留出裹英雄结的长度

(e) 从右至左缠绕

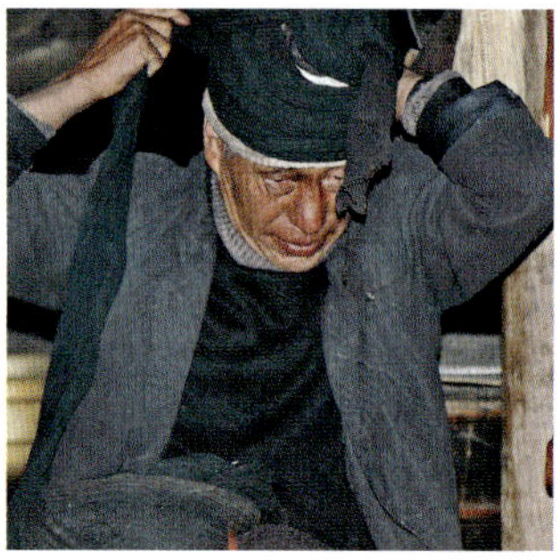

(f) 裹出英雄结

图3-42　昭觉老年男子“英雄结”缠绕方法和步骤

图3-43　昭觉青年男子细如竹笋的“英雄结”上喜欢缠一段红或橘色毛线

图 3-44　美姑青年男子头巾用平铺缠法，细细的“英雄结”顶上留有马尾状的穗

图3-45　美姑老年男子“英雄结”

图3-46　布拖地区的包头不留“英雄结”

二、头帕（帕子）

彝语称“沃髲”，用长巾经不同的折叠方法将黑、蓝色布料折叠成多层长方形“布匹”，俗称“瓦片”或“帕子”，具有独立的结构，再用发辫或头巾固定在女子头顶上。女孩头帕层数少，成年女子头帕层数加多。在功能上帕子只是一种头饰，没有保暖、遮阳等实际用途。凉山各地的头帕款式和风格各异，下面以三大方言区分别介绍。

图3-47　普格的包头不留英雄结

图3-48　越西地区的“英雄结”

（一）“依诺”方言区的昭觉、美姑女子“瓦片”头帕

昭觉、美姑青年女子的头帕用 500~800 厘米长的黑、蓝色棉布横向裹叠数层，帕子前后长约 40 厘米，厚 10 厘米左右，宽 20 多厘米（图 3-49~图 3-52）。戴时将帕子从前到后顺放在头上，头帕的前端遮额，后面是直的，从脑后用双辫反缠环压，用红头绳扎上固定。这种黑色的千层头帕为少女增添了稳重娴雅之感。

图3-49　昭觉姑娘帕子

图3-50　美姑帕子

图3-51　美姑帕子后面

图3-52 美姑女孩头帕比较薄，在头帕上喜欢装饰各种彩色塑料珠子

（二）“所地”方言区的布拖、普格女子头帕

在布拖，未婚和已婚未生育的妇女均戴一种造型独特的黑色头帕，彝语称“哈帕”，帕巾内衬一条弧形塞草支撑的硬布带，带的两端夹于发辫内，再将发辫盘于布带上，用绳交叉拴紧，头帕四角收于脑后打结。再戴上折成梯形的锁边黑色头帕，高耸于头顶的头帕展开于双耳的两侧，如鸟翼展翅，盛装时头帕上还要装饰火镰形的银花，使之更显端庄而华贵（图3-53、图3-54）。生育后的妇女戴竹架圆盘八方帽，发不外露。

普格帕子是一种立在头上，造型夸张的黑色金丝绒梯形帕子，但平常一般不戴，只在过火把节或彝族年等重大节日穿盛装时戴（图3-55）。

图3-53 布拖帕子上钉有各种银花（严薇摄）

图3-54 布拖帕子后面效果

图3-55 普格帕子一般是少女戴

（三）“圣扎”方言区的越西、盐源女子头帕

凉山西北部的越西、盐源等圣扎方言区的头帕，是用一长条宽约 30 厘米的黑布左右方向反复折叠而成的多层厚布块，帕面用彩线绣上丰富多彩的纹样，工艺主要以细毛线手工刺绣为主，前后帕边用彩线锁边，帕底衬一块红绒布从右边翻折一条边，做好的头帕长 40~50 厘米。戴时前端盖至额前，从前到后将头帕覆过头顶，后面下垂盖住头后部，然后用真、假发辫或毛巾捆扎在头帕上，再在其上饰各种绢花，金、银金属链和装饰片等（图 3-56~ 图 3-58）。

盐源帕子比越西薄，右侧面不用折回一块，帕面绣有造型丰富的纹样，分蓝、绿冷色系列搭配和红、黄暖色系列搭配（图 3-59、图 3-60）。

图3-56 越西少女头帕

图3-57 越西少女头帕

图3-58 越西头帕后面效果

图3-59 盐源红、黄暖色调帕子

图3-60 盐源蓝、绿冷色调帕子

（四）独树一帜的美姑柳洪头帕

美姑柳洪地区的女子除了戴美姑“瓦片”以外，还戴一种很有特色的头帕，它的造型和戴法很像披搭式的头巾，但当地彝族人称它“帕子”。头帕的戴法和造型属于披搭式，头帕长 80 厘米左右，宽约 33 厘米，用黑色厚棉布做成。戴时沿帕子宽度方向横向折叠数层，然后按长度方向将帕子中间偏右端搭于额头上，将帕子两头在脑后挽一个结，让剩下的帕子右长左短搭于两边，再将中间的头帕拉开理顺。这种帕子青年、中老年妇女均可佩戴（图 3-61、图 3-62），而少女则不戴头帕。

图3-61 柳洪年轻姑娘帕子的款式

图3-62 柳洪老年妇女帕子

（五）头帕刺绣工艺

在凉山彝族服饰中运用刺绣工艺的地方不多，一般用在一些需要点缀的小部位，起到丰富工艺的作用，如在三角包、矩形包、鸡冠帽、头帕、衣领、背被等的边或角上的装饰，而盐源、越西帕面多使用刺绣工艺装饰。常用针法有平针、十字针、行针、锁针、挑针、绞针、盘针等。针法甚多，表现力较强，适合于绣制花草和几何抽象图案。在刺绣纹样时，往往是几种针法同时交叉配合使用，技巧达到了随心所欲、变化无穷。

图 3-63 所示为柳洪帕子的披戴方法和步骤。

(a) 将辫子盘好

(b) 将帕子挽结一下

(c) 将帕子理顺，让辫子搭在脸旁

图3-63 柳洪帕子的披戴方法和步骤

三、帽

帽是头衣主要成员之一，它的保暖与审美功能，比头衣的其他成员更显著。清朝以来彝族的帽子式样繁多，不同地区有不同的帽饰：儿童戴鸡冠帽、虎帽；妇女生育后戴荷叶帽、圆盘八方帽、“锣锅帽”；毕摩戴神笠毡帽；还有新娘的银斗笠、美姑的红缨须斗笠等。下面按帽子的种类、方言区分别细述凉山彝族的帽文化。

在服饰搭配上，彝族非常注重对帽子和头饰的设计，她们认为帽饰对头部的装饰在服饰设计中占有非常重要的位置，头部是整个人体中是最能吸引视线的地方。大凉山彝族在一年四季、人生的每一个阶段，头上都习惯戴帽、巾或扎裹头帕。特别是炎热的夏天，男人们头上仍然裹着厚重而庞大的头帕，而女人们则戴着造型奇特、庞大、夸张、款式繁多的帽子、头巾、头帕等头衣。而不同年龄段不同身份所戴的帽子是不一样的，鸡冠帽是他们人生最先戴的头衣，不分男女 1 岁左右开始，可戴到 7~8 岁。此后，女孩开始在脑后留一根辫子，辫子末梢扎红色毛线头绳，男孩开始留“天菩萨”发髻。少女 15 岁左右举行成人“换裙仪式”时分辫子，开始戴“帕子”，结婚生小孩后美姑等地区妇女改戴“荷叶帽”（彝语称“沃尔”），盐源等地区戴“锣锅帽”……直至火葬前帽子都是最重要的服饰。这种注重头部装饰的服饰习俗是如何形成的呢，究其原因，是他们从小养成的一种服饰生活习性，头上习惯了戴头衣，也是彝族人祖祖辈辈的一种生活方式和精神观念：头顶不能直接面对苍天，戴帽反映了彝族人对天的崇敬和尊重。总之，凉山彝族众多的头饰，象征着彝族人对天的崇拜，戴帽具有一种与生俱来的威严感。

（一）童帽

凉山彝族童帽皆为夹层。一般采用柔软的面料作为帽里，厚实的黑色面料作为帽面。童帽的款式较多，一般采用仿生学的设计手法，把帽子造型做成鸡、虎等动物形状。彝族先民在制衣为饰时，皆取法自然，自然是取之不尽的设计源泉，且大多以神话传说的形式反映在头饰上，反映了彝族先民的万物同源、物我混杂的原始思维特征。这种观念运用得最有创意的属鸡冠帽（图 3-64、图 3-65）。

1. 鸡冠帽

凉山彝族儿童鸡冠帽是童帽中的一种，因形似鸡冠而得名（图 3-66、图 3-67）。

鸡冠帽主要流行于滇中、滇南、滇西北、云南永仁县直苴村和大凉山美姑县等彝族地区，但佩戴的人各不相同。大凉山美姑县彝族不分男女只限儿童佩戴，而永仁县直苴地区则从十五六岁的少女至六七十岁的老奶奶均戴鸡冠帽。

在此从凉山美姑彝族儿童鸡冠帽的色彩搭配、款式设计、制作工艺、帽和冠的不同功能、公鸡图腾崇拜、蕨岌纹的生命意识等方面，探索鸡冠帽独特的地域特征与服饰文化内涵。

（1）鸡冠帽的款式、色彩及制作工艺

彝族鸡冠帽的款式造型总的来说是模拟了公鸡的主要形态特征，云南地区的鸡冠帽主要以鸡冠作为设计元素，而大凉山美姑彝族儿童鸡冠帽

图3-64　昭觉彝族普通童帽

图3-65　西昌彝族普通童帽

图3-66　美姑小女孩戴的鸡冠帽

图3-67　美姑男孩戴的鸡冠帽

则在冠的基础上加入了鸡尾的设计元素，整顶帽子由帽前宽阔的大红色鸡冠和帽后高高翘起的鸡尾组成，前立鸡冠，中有弧线，后翘尾羽，侧观酷似一只公鸡，造型逼真具象。儿童戴上此帽情趣横生，显得可爱而美观（图 3-68）。

凉山鸡冠帽裁片结构由帽脸、帽墙和帽顶三个部分构成（图 3-69），“帽脸”是帽前鸡冠的造型，用一块大红色绒布制成，上端对剪成一排 7~9 个三角形，代表公鸡冠角上的冠齿，每个冠齿的尖上缀一红色的毛线绒球，以强化鸡冠的视觉冲击力。长方形的鸡冠上贴着用黑色棉布剪成的蕨岌芽纹，其纹样造型大多选取的是蕨岌草初春时嫩芽的形状，嫩芽大多由中心相对卷曲，生生不息，一支接一支，犹如春天森林里一束束争先恐后破土而出的小脑袋，图案以线条为主，曲直变化的线条疏密相间，在帽脸中间构成一个长方形的适合纹样。纹样的边缘用黄色双线镶嵌锁绣，此种工艺使得纹样有一些立体效果。帽墙是条宽约 11~12 厘米的长条形黑平绒，从额前围头一周，在脑后合二为一，顺势设计成一个长约 15 厘米弯曲上翘的公鸡尾巴。鸡尾一周绣有各种二方连续纹样，代表公鸡美丽羽毛，在鸡尾尖的前后也各缀一个红色的毛线绒球（图 3-70）。帽顶是一块正方形的布，四个边加起来正好等于戴帽儿童的头围，也就是帽墙的长度。帽顶常缀鹰毛（现在

图3-68　鸡冠帽正面造型和图案

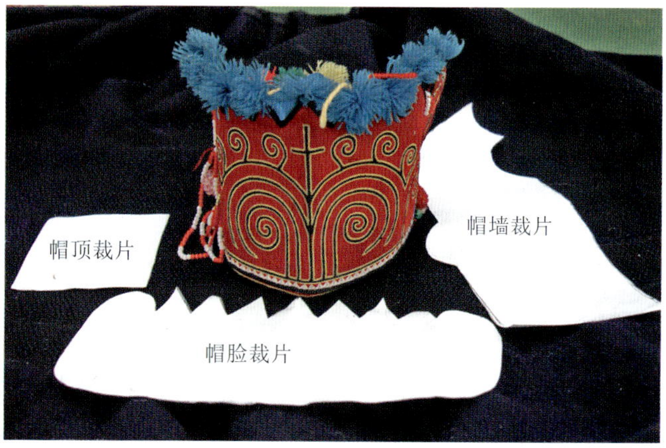

图3-69　鸡冠帽裁片由前面的帽脸、右边的帽墙、左边的方形帽顶缝合而成

凉山彝族服饰文化与工艺

图3-70 鸡冠帽侧面

多装饰彩线绒球）以避邪秽或垂吊麝香包以防病疫，在帽脸中间悬挂或缝制一彩线编织的“子弹头”，以驱鬼怪，其功能都在于以利于幼童健康成长（图 3-71）。

鸡冠帽的色彩以红、黄和黑色为其主色调，其中帽子前面的长方形鸡冠是大红色，上面用黑色布或黑色粗线剪勾出蕨岌草纹样，纹样边缘用黄色的双股粗线勾勒装饰，帽墙和鸡尾用黑色，通过黑色衬托前面鸡冠的大红色，形成鲜艳、亮丽而沉着的色彩效果。帽墙和鸡尾四周用各种彩线绣满了代表美丽羽毛的二方连续纹样。那缀满帽顶的毛线绒球多用大红色，也有用黄、橙、蓝、紫等色点缀的。总之，鸡冠帽的色彩搭配既统一又丰富多彩，色彩整体感觉古老质朴，厚重自然。

工艺上采取完全手工缝制，绣花工艺主要采用了拼贴镶嵌绣、双线锁绣、各种针法的刺绣、滚边等。其中，帽脸上的蕨岌纹采用了两种装饰工艺：拼贴镶嵌绣和锁针绣，拼贴镶嵌绣是用黑色棉布将蕨岌纹剪好，用糨糊将其贴在红色的帽脸上，图案的边缘用一种特制的黄色粗线单股或双股锁绣（图 3-72），此线是用一种原始的纺线工具“纺专”将黄色棉线或膨体纱双股捻合为一股紧密的粗线（图 3-73）。童帽不分季节，皆为夹

图3-71 鸡冠帽前面的“子弹头”，据说可以镇邪

图3-72　将纺紧的线二股并排锁绣

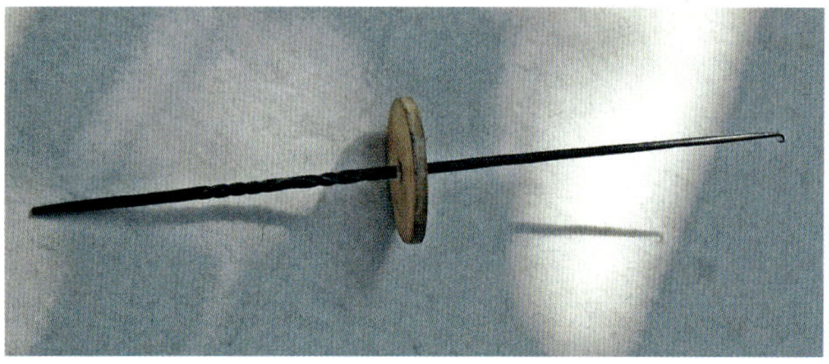

图3-73　用纺专将黄色彭体纱双股捻合为一股紧密的粗线

层。为了让帽冠挺括有型，在帽脸上和鸡尾处衬了一层软硬、厚薄适中的塑料布作为硬衬，其目的是使鸡冠和鸡尾的造型更挺括，使帽子外形挺拔、美观。

鸡冠帽一般由母亲或外婆、姨妈给新生儿制作，她们在绣制蕨岌纹图案时，图形根本不用笔描画，完全靠她们的一双慧眼就能把各种弧线、曲线绣得均匀流畅，使图形做到左右对称，她们一针一线都做得认真而虔诚，每一顶鸡冠帽都寄予了母亲们对新生命的美好祝福和期盼。可以说，美姑的鸡冠帽是作为一种吉祥护身符连同彝族古老的歌谣一起伴随着她们的子孙长大。

（2）鸡冠帽兼具帽、冠的双重功能

在服装史上，帽子是首服的一个种类。首服也称“头衣”，泛指一切裹首之物，其类别有三：冠、帽、巾。三种首服用途各不相同，戴冠是为了装饰及显示身份，是礼服的必要构件；戴帽是为了防寒和保暖；扎巾是为了敛发和便利。据说古人以冠饰首，是从禽兽冠角上受到的启发。人们在日常生活中发现鸡、翟之禽和牛、鹿之兽的冠角非常美观，便用玉、石、木、骨等材料加工成角状戴在头上，久而久之，就形成冠这种特定的首服。《淮南子·人间训》：“冠履之于人也，寒不能暖，风不能障，暴不能蔽也。”❶ 可见冠这种首服并不具备实用价值，仅具装饰作用。相比之下，美姑彝族鸡冠帽兼具了冠和帽的双重功能：冬天戴帽用以保暖，是帽的功能；夏天则是为了小孩乖巧好看，更具备冠的功效。之所以如此，是因为大凉山气候寒冷，而且佩戴对象是儿童，因此从功用上讲，不能像云南彝族姑娘或老太太戴鸡冠帽只起装饰美化作用，必须既强调冠的装饰作用，又兼顾帽的实用价值。让孩子夏天戴上乖巧好看，冬天戴上可以保暖御寒，不致受凉，因此帽墙设计比云南鸡冠帽要高，能遮盖耳朵以上的头部，不用带子拴系也很稳固。而云南因气候温热不需御寒，戴鸡冠帽则只强调和重视装饰作用，故帽墙设计偏低，只能顶在头上，要用带子拴系才会稳固。因此，如按冠、帽的划分，严格地说，云南鸡冠帽只能称之为冠，不应称之为帽。

（3）对公鸡的图腾崇拜与生命意识

鸡冠帽雄纠纠的公鸡造型象征避邪、吉祥，是彝族服饰古老而神秘文化内涵的充分体现。生活在大凉山美姑县的彝族儿童与生活在云南昆明、楚雄、红河等地的彝族少女所佩戴的鸡冠帽，都同出于对公鸡的图腾崇拜。普列汉诺夫说：“图腾的

❶ 淮南子（卷十）[M]. 石印本. 上海：扫叶山房，1922.

特点就是相信人们的某一血缘体和动物的某一种之间存在着血缘关系。”人们拟形为饰，往往是为了“以同致同”的心理，期望获得所拟之物的“灵气”或佑护。公鸡在彝族的传统文化观念中是一种吉祥物，能驱魔避邪，趋利避害。彝文经典《夷僰榷濮》记载，远古时天地之间没有光明，无白昼黑夜，是慧鸡不停的啼叫才使光明降临大地，天地变得碧蓝。有些彝族地区认为公鸡是最智慧的禽鸟，人们崇拜公鸡是认为它是正义力量的代表，能驱魔避邪，具备战胜邪魔的无穷力量，是爱情与幸福的维护者。现今彝族民间仍流传着不同版本的关于公鸡与彝族人情感关系的神话故事和历史传说（即鸡冠帽的来历），其中，流传较广泛的有三种：一是有关爱情幸福的；二是关于彝汉团结、彝族人生存的；三是有关抵御外敌的。因此彝族人视公鸡为神物，将其形象概括为头饰，对其顶礼膜拜、期望得到幸福和庇佑。

（4）蕨岌纹的文化内涵

纹样是人们刻在器物上的一种文化符号。彝族服饰纹样反映出彝族人民的生活环境、审美情趣和精神风貌。美姑彝族儿童鸡冠帽的帽冠上绣满了造型各异、丰富多姿的蕨岌芽纹（图3-74）。这是因为彝族先辈生活在大山深处，蕨类植物漫山遍野生长，比比皆是，其幼芽稚嫩，犹如少女小儿，情态可爱。于是，采撷蕨芨幼芽抽象造型，用作鸡冠帽上的图案纹样，既与佩戴者的年龄特征吻合，又体现出鲜明的地域特征（图3-75）。

美姑彝族对于蕨岌芽纹的偏爱源于蕨岌这种植物蕴含着彝族深层的民俗和文化内涵：蕨岌是世界上最古老的多年生草本植物，可以生长在荒滩上、岩缝间，无论酷暑严寒，且成片生长蔓延，有着非同一般顽强的生命力和繁殖能力（图3-76）。其幼芽鲜嫩，可为菜，其根含淀粉，可供食用及酿造。而彝族是中华民族古老民族之一，祖居大山，自古以来就世世代代采集蕨岌为食。彝族祖先将蕨岌根茎磨成粉，制作成如甜荞粑一类的食物以充饥，靠它度过饥荒，故称它为“救命草”。并用各种方法表达对它的感激崇敬，凉山各地都有以蕨岌草命名的地方，如西昌市银乡有一个叫“达木洛”的地方，即彝语“加工蕨岌粉之地”。现在彝族人一般用它铺垫牛羊圈、生火（图3-77）；蕨芨草在彝族人眼中，不仅一身都是宝，还是神灵之物，在毕摩作仪式之前，要用蕨岌草燃烧焚烟，仪式才能够沟通神灵；彝族火把节时也有用蕨岌草点燃火把的传统……彝族人民从远古到现在，都与蕨岌草有着深厚的感情。古老的、生命力和繁殖力极其顽强、旺盛的蕨岌与古老的、意志极其坚韧、顽强的彝民族，精神内核是一致的，他们共同生存在条件恶劣的大山中，相栖相依，顽

图3-74　经过彝族妇女提炼加工过的蕨岌纹样

图3-75　底部是蕨岌草，中间是蕨岌芽纹盘绣的衣领，上面是蕨岌嫩芽

图3-76　山中的蕨岌草

图3-77　晒干后的蕨岌草

图3-78　象征生命力的蕨岌芽纹所装饰的鸡公帽伴随彝族幼儿成长

强生存，顽强繁衍，植物与人类之间结下了久远深厚的感情，结下甚至不亚于亲缘的“血缘关系”。正如中国社会科学院彝族博士巴莫曲布嫫在诗里动情地写道的：“你蜷曲的长叶，如拳，捶叹古老的贫瘠，没有更多的希望，但从不绝望，从不枯竭。你赤褐色的叶簇战栗多少次又伸展，丛聚的籽囊集结更紧，直至温暖的春霖滴下，钻入泥土的种子每一分钟都在生长，生长于这片艰苦冷峻的大地，流洒生命。蕨岌草的乳汁从每一片叶子渗出，充盈着彝族人的子孙，蕨岌叶的颜色已染透了他们。赤褐色的小脸，凝固为坚强的种子萌芽在瘦薄沙土那铁质的迫压下，深植于大地，挽结不散的根柢。”❶

从以上几个方面对凉山美姑彝族儿童鸡冠帽进行较全面的论述中，我们还可以看到，鸡冠帽上所折射出的文化内涵传达出以下寓意。

除对公鸡的图腾崇拜外，还赋予蕨芨以公鸡一样的神圣地位，一顶冠帽上反映出对公鸡和蕨芨草的动、植物两种图腾崇拜。祈求祈福温饱，希望蕨芨草生生不息，纵使遭遇人力难以抗拒的天灾，彝族人也可永远以它为食，不致饥饿，世世代代，繁衍生息。期望孩子们像蕨芨草一样生命力顽强，能抵御大自然的风霜雨雪，健康成长（图3-78）。期望后代像蕨芨植物那样生殖力旺盛，让彝族世世代代繁荣昌盛，正如古彝书《作斋经》所述：“祭仪序层层，祖嗣如绵羊，妣裔如蕨子，祖裔大昌旺，同祖共一斋。”❶

❶ 巴莫曲布嫫. 神图与鬼板[M]. 南宁：广西人民出版社，2004：82.

2. 虎帽

古时，彝族人曾以黑虎为图腾，他们自称为“虎族”（罗罗）。南诏王室前五代姓名均带有虎意：系奴罗、罗盛、盛罗皮、皮罗阁、为阁罗凤。其中“罗”在彝语为“虎”之意。[1]以虎的形象或纹样作为衣饰是彝族服饰的特点，彝族人从尊虎到以虎皮、虎纹为衣饰的习俗一直流传至今。小儿穿戴上这些象征古老传统观念和集体意识的造型符号，意味着对这个新成员的血缘关系的认可。凉山彝族儿童虎帽设计的老虎形象是有头有尾的，形象生动、可爱、有趣，体现了远古彝族人对虎图腾的崇拜。图 3-79~图 3-83 所示为普格虎帽，图 3-84、图 3-85 所示为布拖虎帽。

图3-79　普格虎帽之一

图3-82　普格虎帽有头有尾

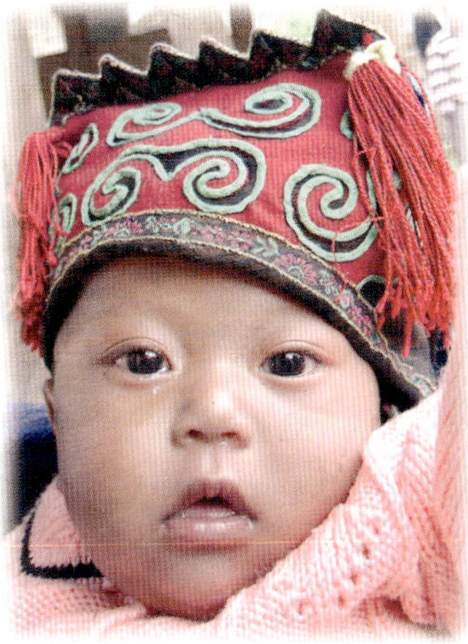
图3-84　布拖虎帽

图3-80　普格虎帽之二

图3-83　普格虎帽的尾巴

图3-85　布拖虎帽的尾巴

图3-81　普格虎帽之三

[1] 钟茂兰，范朴. 中国少数民族服饰[M]. 北京：中国纺织出版社，2006：119.

图3-86　美姑像鹰一样飞翔的荷叶帽

图3-87　美姑中年妇女戴的荷叶帽

图3-88　美姑银花帽顶心和帽后面的剑形图案

（二）凉山各地妇女帽

三大方言区妇女都是生子后将帕子换成帽。依诺、圣扎地区换为荷叶形夹帽（图 3-86、图 3-87），所地地区的布拖中老年妇女戴竹架圆盘八方帽，另外圣扎地区的盐源县戴“锣锅帽”。

1. 荷叶帽

荷叶帽彝语称“哦尔”，用 8 块三角形青布拼缝而成，帽里加有几层衬布，帽后向帽顶处装饰一条宽 4 厘米、长 15 厘米剑形图案，图案边镶嵌红、黄、蓝、绿牙条。帽顶中心八个三角尖汇拢之处，贴有一个精致的圆形银花顶牌（图 3-88）或布纽。在凉山美姑、昭觉等地区，只要熟悉彝族风俗的人看见戴荷叶帽的妇女，就知道对方已婚，这就是服饰的身份功能体现。中青年妇女的荷叶帽的帽檐侧边和后面向上翘起，造型如水中临风一一而举的荷叶，生动而形象（图 3-88），老年妇女的荷叶帽帽檐是向下耷拉着的（图 3-89）。戴上此帽感觉舒服而稳定，既暖和还可以遮阳（图 3-90~ 图 3-92）。图 3-93 所示为荷叶帽的制作现场。

关于荷叶帽的来历有不同的传说，传说之一：在远古的时候，妇女比男人更聪明，一次，支格阿鲁（彝族神话中盖世无双的英雄）骑马巧遇犁地的夫妻俩，问那丈夫今天犁了多少

图3-89　昭觉老年妇女荷叶帽的帽檐向下耷拉着

图3-92　越西荷叶帽

图3-90　美姑老年妇女荷叶帽之一

图3-93　荷叶帽的制作现场：荷叶帽檐边能翘起，是里面加了几层塑料布

图3-91　美姑老年妇女荷叶帽之二

轮？这位丈夫无言对答。其妻却反问支格阿鲁，他的马今天走了多少步？支格阿鲁顿时被问得哑口无言。第二天，支格阿鲁不服输，又找到这里，对妇人说：我今天牵来一只公羊，找你的男人喂羊羔，妇人机智地说：我男人正在家里生孩子。支格阿鲁惊奇问道：男人怎会生孩子？妇人答道：那么公羊又怎能生羊羔呢？支格阿鲁又败在她手下。于是支格阿鲁下令缝制荷叶帽给已婚的妇女们戴上，用于“盖住”她们的聪明才智，殊不知，荷叶帽后来成为已婚妇女骄傲的头饰，使她们更加美丽动人。

(a) 将辫发盘好再戴上一块支撑板

(b) 将荷叶帽戴在板上

(c) 拴好带子

(d) 后面效果

图3-94 昭觉老年妇女荷叶帽的戴法

昭觉老年妇女荷叶帽佩戴方法、步骤：戴帽前，先将双辫梳理好，然后将荷叶帽里面的衬板拴戴在头上，用头绳在脑后扎紧［图3-94(a)］。然后将荷叶帽戴在板上［图3-94(b)、图3-94(c)］，用两边的细绳在脑后拴紧打结，就可将帽子固定在头上了［图3-94(d)］。图3-95所示为荷叶帽里面的结构。

图3-96 布拖老年妇女圆盘八方帽（严薇摄）

2. 布拖、普格圆盘八方帽

圆盘八方帽是“所地”方言区的布拖、普格地区的传统头衣，其中布拖只是中老年妇女才戴（图3-96、图3-97），一般不装饰图案或银花。而普格是中青年女子都佩戴，还喜欢装饰各种彩珠和银花

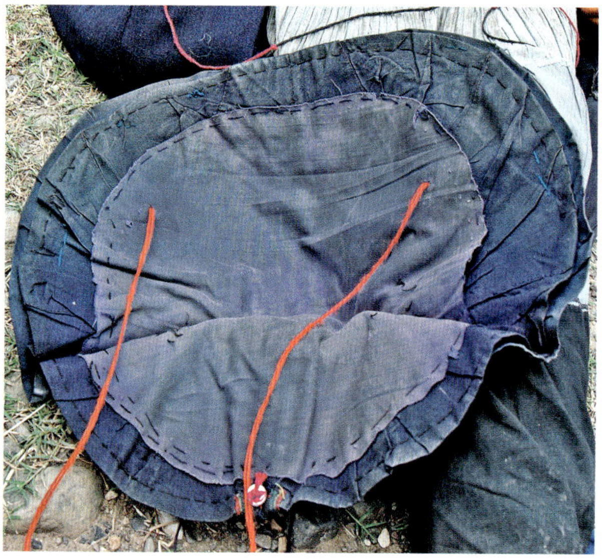

图3-95 荷叶帽里面的结构

图3-97 布拖中年妇女丝绒制作的圆盘八方帽

（图 3-98、图 3-99）。布拖地区戴帽的年龄顺序是婴儿戴虎帽或兔帽，少女和已婚未生育妇女戴传统帕子，但从 20 世纪 60 年代后受全国的影响戴蓝色军式呢帽，中老年妇女戴圆盘八方帽。此帽里面的帽架是由篾匠用细篾丝编成无顶帽筐，外套由八块三角形布料缝制而成的帽面，具体裁剪和制作方法见图 3-100~图 3-104。

图3-98　普格装饰有彩珠和银饰的圆盘帽

图3-99　普格装饰银花的圆盘帽

图3-100　圆盘八方帽后面效果

图3-101　帽子的剖面图

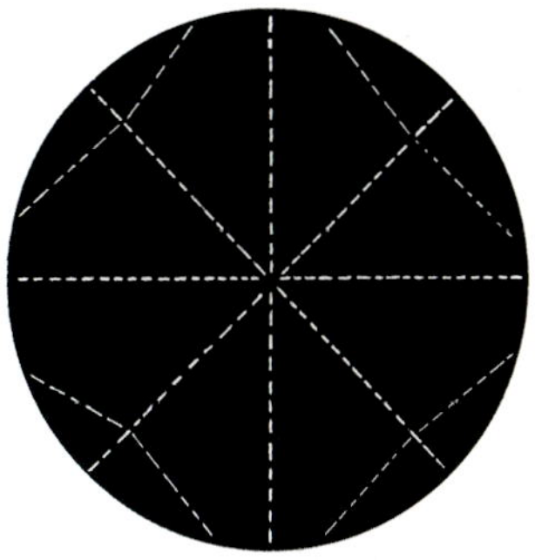

图3-102　圆盘帽的裁剪结构图

图3-103　帽子的制作方法第一步

图3-104　帽子的制作方法第二步

3. 盐源“锣锅帽”

盐源最具特色的是妇女戴的“锣锅帽”，黑色的四方八角的“锣锅帽”原是管束妇女的“法器”，现在演化为具有高贵之美的头饰（图 3-105～图 3-109）。

图3-107 “锣锅帽”内部结构

图3-105 中年妇女“锣锅帽”牙边用红色

图3-108 “锣锅帽”折叠方便，用红色牙边一般是中年妇女戴

图3-106 老年妇女“锣锅帽”牙边用蓝色

图3-109 老年妇女“锣锅帽”里布和帽边搭配蓝色

（三）特殊功能帽子

1. 美姑银斗笠

一般，银斗笠为结婚时新娘使用，戴在帕子上面，主要起装饰作用（图 3-110、图 3-111）。

图3-110　美姑新娘银斗笠上的图案

图3-111　美姑新娘银斗笠的戴法

2. 美姑红缨须斗笠

彝族也是一个善于学习其他民族优秀文化的民族。在美姑还有一种既美观又实用的红缨须斗笠，彝族称为“衣马尔布”。据说是清朝时，彝族手工艺人模仿清朝官员的官帽，用生长在水边的水竹编织而成。斗笠上装饰着散开的红缨须，其形状比清朝官员的官帽大些，有“夏日可遮阳、雨天可遮雨”的特点，使红缨须斗笠备受彝族青年男女的喜爱。如今，在美姑的乡镇上，每逢赶集或是节日，随处可见的红缨须斗笠，远远望去，像是燃烧的火焰，这与彝族崇拜火、喜红色有密切的关系（图 3-112）。

3. 毕摩“神毡笠”

神毡笠，彝语称“沙觉尔布”，为毕摩专用。系精致的竹编斗笠，外蒙黑毡，黑毡是用纯黑的绵羊毛，经手工擀制而成（图 3-113）。毡笠的款式与汉区的斗笠相似，但比斗笠略小，有特色的是在毡笠顶部有一个突出的小柱顶，其上穿有 5~7 层圆形的黑色薄毡片，据说毡片越多，毕摩的法力和地位越高（图 3-114）。有的地区还在毡笠顶上贴有与神话传说有关的银片装饰。毕摩为人作法时戴此帽以示身手不凡（图 3-115）。

图3-112　美姑红缨须斗笠

图3-113　毕摩“神笠帽”顶上的装饰

图3-114　“神笠帽”顶上的毡片有级别之分

图3-115　戴毡笠帽念经的毕摩

（四）帽中蕴涵的文化观念

1. 凉山彝族妇女帽子上的宇宙观念

据资料查阅，贵州彝族以火、水、木、金、石、禾、山、土分属唉、哺、且、舍、哼、哈、鲁、朵等八个方位，它象征着万物的变化与发展。彝族的八方是指东、南、西、北大四方加东南、西南、西北、东北小四方，再由分别代表大四方与小四方的两个“十”字交叉而成的八角表示。《西南

图3-116　越西荷叶帽由8片构成

彝志》载："在那个时候，宇宙的四方，变成了八面，那就是八卦。"

在凉山昭觉、美姑、越西等地彝族妇女的荷叶帽（图 3-116）、布拖的竹架圆盘帽（图 3-117）、盐源的锣锅帽（图 3-118）在裁剪的结构上或由八块黑色布料拼接而成，或由一块布料折叠分割成 8 个三角形，外形都是圆形的。构成了一个圆形的宇宙图，帽顶的中心表示宇宙的中心点，而四面八方是宇宙的方位图，与八卦图有异曲同工之妙，在帽子上留存下来了远古时期彝族先民对宇宙的认知和哲学观念。

图3-118　盐源锣锅帽由8片组成

图3-117　布拖圆盘帽由8片构成

2. 从布拖、普格"红卫兵"帽分析历史因素对彝族传统头饰的影响

古老的凉山虽然相对闭塞，但在历史的进程中也不可避免地会受到来自政治、经济、文化、商业、旅游等外来因素的影响而产生变化。

现在，凉山布拖、普格地区彝族妇女爱戴一种深蓝色军式呢帽（图 3-119）。据考察这种帽子源于 20 世纪 60 年代"文革"时期人们爱戴的军式单帽，可能是因为帽子的军绿色与彝族尚黑、尚蓝相悖，彝族妇女无法接受这种绿色，后来逐步演变成了深蓝色。而用棉布缝制的单帽，不适

图3-119　普格火把节上戴"红卫兵"帽的姑娘们

应凉山寒冷的冬季，就演变成了保暖而厚重的呢料帽。笔者觉得这种具备汉族特色的造型简单、无性别特点的呢帽与布拖、普格彝族传统的坎肩、百褶裙搭配起来，并不十分协调。

在昭觉、美姑等地区，彝族女子喜欢在头上包扎一种红、绿、紫色方形围巾，是因为繁重的劳动使妇女几乎没有时间和兴致修饰打扮，妇女们得与男人一样参加繁重的体力劳动，她们放弃了宽袖长裙、夸张华美的本民族传统服饰，而接受短衣长裤及简单的帽饰，这也就是昭觉、美姑彝族女子以方形围巾裹头的由来（图3-120）。

凉山彝族女子这种帽子的变化是逐渐形成的，这种头饰打扮的发端并非单纯的在审美意义的基础上发展的，而是包含大量的时代审美倾向。“在一定程度上，艺术是时代的产物。艺术不仅给人以纯然的艺术感受，而且给人以历史感受、宗教感受和审美感受”。❶

一种服饰的流行在时代风气高涨时，对服饰审美意识产生极大影响，从而出现“另类”的审美状态。但这仅是人们审美情感观念的偶然扭转，并不具有恒定的审美土壤或规律。所以当时代风气一过，人们的文化生活又回归正常秩序时，这种异化的审美心态往往会随之消失，人们的审美视觉和审美情趣又恢复了它的自然审美状态和规律。

但是，这种在服饰上具有强烈时代烙印的审美为何仍然在凉山彝区保留下来，并产生了局部的审美认同呢？究其原因是多方面的，一是时代的影响使人们产生了一种异化的心态，把这些变异的服饰倾向作为一种时尚，从这两个彝区女性对这种头饰的接受来分析，可以感受到：民族服饰文化遭受的强力变形，是时代文化在人们生活中产生的强力作用的后果。这种帽子借助时代力量将汉族服饰文化渗透到少数民族文化、生活和艺术中，也就是服装的时代烙印。这种异化的头巾和帽子与彝族女性传统民族服饰整体的造型搭配和色彩布局等服饰风格系统都是不协调的、异类的。二是传统的盛装头饰高冠宽檐、雍容华贵，但并不方便女性的劳作和生活的需要。故军帽也就被认可，并作为日常普遍而实用的头饰保留了下来，沿用至今。只是根据彝族的民俗变换了帽子的颜色和质地，说明服饰由政治影响之后，因为它的实用和方便等功能，又被当地人吸收到自

图3-120　美姑方形围巾包头

图3-121　着彝族传统服装戴“红卫兵”帽的布拖妇女

❶〔英〕H.里德.艺术的真谛[M].王柯平，译.沈阳：辽宁人民出版社，1987：1.

己的传统服饰文化系统中（图 3-121）。

在考察时，笔者询问了布拖县西溪河乡的彝族姑娘，为何喜欢戴这种帽子，而不戴传统的头帕，她们说："从记事起就看到妈妈、姨妈等所有妇女都戴这类帽子，我长大后也顺理成章地戴了，这帽子不好看，只是习惯了"。而另一些姑娘却认为这种帽子好看，劳动时方便、轻巧，而且这种帽子很便宜。从服饰的文化人类学意义上讲，这是社会生活和时代的变迁在传统服饰文化中遗留的痕迹。

如今凉山彝族传统帽子在日常生活中出现的频率越来越少，它们成为婚丧嫁娶或过火把节时偶然出现在盛装中的装扮，只是一种代表彝族古老服饰文化记忆的符号。

第三节　头饰

装饰头部不仅是一个人身份地位的标记，而且是祭祀等重大活动中所不可缺少的。凉山彝族头饰是指除了帽、巾、帕之外，佩戴在头上发间的各种饰物，有的装饰在发髻、辫子上；有的装饰在冠、帽、巾、帕上。它区别于头衣的明显特征是具有更多的装饰和象征意义。

一、头饰材料

凉山头饰材料极为丰富广泛，常用的有铜、铁、金、银、珠宝、玉石、珊瑚珠以及有特殊意义和审美价值的材料，如兽类的角、牙、爪、毛、鸟羽、贝壳、花草、毛线、绒球、丝穗等（图 3-122~图 3-129）。头饰主要有簪、钗、梳、箍等几大类。

图3-122　白银是凉山彝族最主要的头饰材料

图3-123　珊瑚珠是美姑、昭觉帕子上主要的头饰材料

图3-124　铜铁金银是凉山较普遍的头饰材料

图3-127　越西绢花、绒球、珠子头饰

图3-125　越西仿金头饰材料

图3-128　各种彩珠是普格帽子上独特的头饰材料

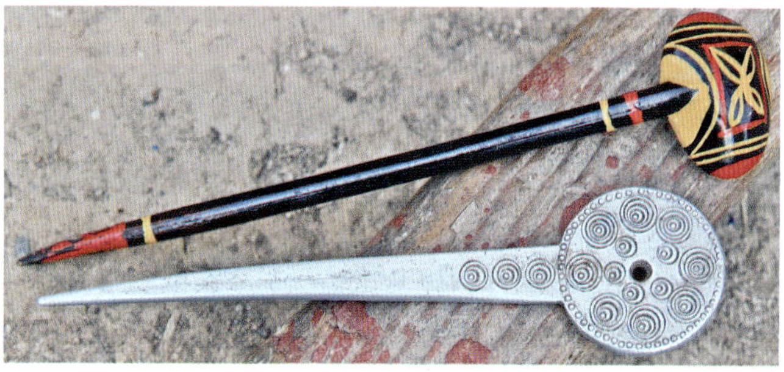

图3-126　美姑木质、银质簪、钗

图3-129　各种珠子是帕子上最平常的装饰

图3-130　美姑女孩头帕上缀满各种彩色珠子和绢花

二、三大方言区头饰

凉山彝族妇女头衣上大多佩戴头饰，尤其在盛装时，其头饰类型丰富多彩，装饰有致，重点突出。例如美姑小女孩头帕上缀满各种珠子，少女头帕上挂满各种珊瑚珠串等以及布拖、普格女子圆盘帽上装饰各种银花，越西妇女荷叶上装饰珊瑚珠和仿银头饰等（图 3-130~图 3-136）。

最具代表性的头饰数美姑女孩戴的发箍，彝

图3-131　美姑传统珊瑚珠头饰

图3-133　美姑柳洪新娘银片头饰

图3-132　普格彩珠和绒穗头饰

图3-134　普格银花头饰

图3-135　布拖银花头饰

语称“哦结”，是美姑彝族小姑娘在 7~14 岁年龄段佩戴的一种很有特色的头饰。发箍一般为梯子造型，两个边用黑布包裹，在里边的缝头处用红、黄、白布折成小三角“马齿”，依次镶嵌装饰，其上还钉有锥形银泡。发箍的两端用毛线穿上红、黄、白珠子，成串的珠子大小、方圆、疏密、色彩搭配错落有致，设计充满了童趣（图 3-137、图 3-138）。

图3-136　越西珊瑚珠和仿银头饰

图3-137　美姑发箍局部

图3-138　美姑柳洪戴发箍的女孩

第四章
首饰·服饰配件·足衣

服饰是一门综合而系统的配套艺术，其中最能代表凉山彝族服饰配件的是女子的三角形荷包、背被，男子的腰带、佩带以及男女皆可披的察尔瓦、披毡等，这些配件都具有凉山彝族服饰的典型符号特征。

第一节 首饰

凉山首饰包括耳饰、手饰、项饰、胸饰等，装饰于人体的耳、手、颈、胸、背等部位，首饰材质一般为金、银、玉、珊瑚、贝壳、蜜蜡珠等，另外，也常使用鹰爪、兽牙等动物骨骼制作饰品。金银加工完全是手工操作，多采用阴、阳錾刻、镂空、镶嵌等加工手法在器表展现精美的图案和肌理，制作工艺原始而考究。现在凉山各彝区银器加工作坊十分普遍，有专门从事制银的传统银匠。

一、耳饰

佩戴耳饰起于何时，史书中没有确切的记载，但各代有文献表明我国女子很早就有了佩戴耳饰的习惯。明代田艺衡所著《留青日记》中记述："女子穿耳，戴以耳环，盖自古有之。"❶

早在五千年前的新石器时代，我国人已有穿耳的行为，这可以从大量的出土文物得到证实。如甘肃天水曹家坪出土的一件新石器时代仰韶文化时期的陶器顶部残片，上有一雕刻的写实人面纹饰，在其耳垂部位，左右各有一个小孔，显然是为悬系饰物而用的。进入商周以后，这一古老习俗得到了继承，不唯女子如此，男性也有穿耳之习。"四川广汉三星堆出土的商末、西周遗址中数十件与真人头等同大的青铜头像，有一个共同的特征，就是在耳垂下部有穿孔。直至战国秦汉以后，穿耳习俗才为女子专有。"❷

古人在垂耳上穿孔，并悬挂饰物，最初的功能只是为了装饰，所以不分男女，均可为之。随着时代的变化，穿耳的目的发生了变化，人们将穿耳饰物赋予了更多的文化意义。汉刘熙《释名•释首饰》："穿耳施珠曰珰，此本出蛮夷所为也。蛮夷妇女轻淫好走，故以此琅珰锤之也，今中国人效之耳。"❸ 可见穿耳已不局限于装饰，它还对规范妇女行为起着一定的作用。人们在女子耳垂上穿孔，挂上耳饰，其目的是提醒女人们自我珍重，自我检点。蛮夷习俗为汉人接受后，古代汉族男子不再穿耳。

而凉山彝族无论男女都佩戴耳饰，男的穿左耳佩耳饰，女的穿双耳佩耳饰，并且男女所戴耳饰款式和材质也各异。

（一）耳环

以金属为主要材料制成的环形耳饰，统称为耳环，这种耳饰的出现，应在冶金技术产生以后。凉山耳环有铜质、银质和金质之分，以银质较多（图4-1）。形制较为简单，有的仅用一根银丝或铜丝弯曲成圆环（图4-2），磨尖一端，即成耳环。在凉山，单独戴耳环的较少，耳环一般都和耳坠成套佩戴。

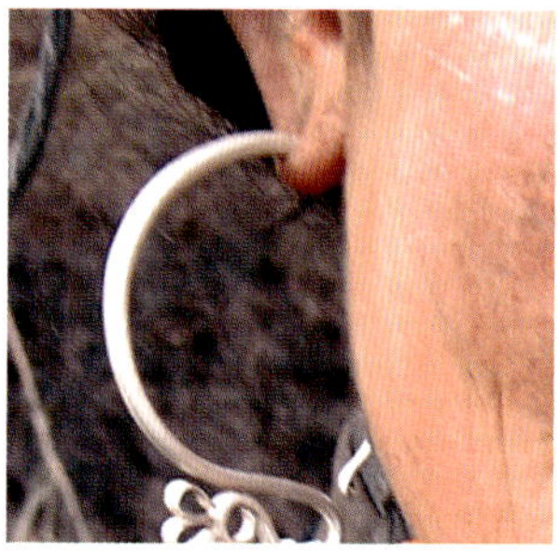

图4-1 布拖银耳环

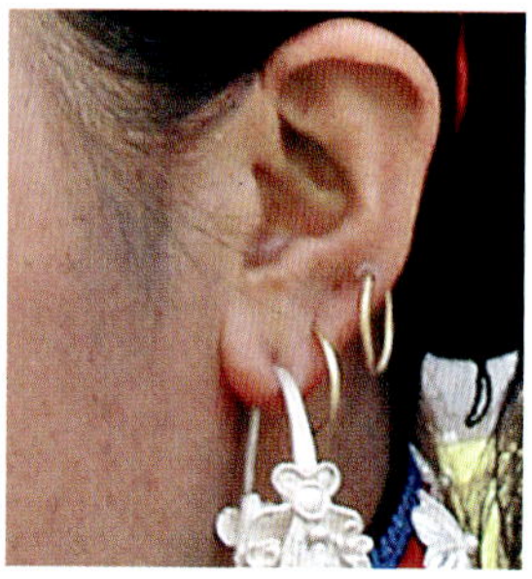

图4-2 一只耳上也可戴多个耳环

❶ 田艺蘅. 留青日记（卷二十）[M]. 影印本. 上海：上海古籍出版社，1985：683.
❷ 罗微. 古代汉族女性服饰研究[D]. 北京：中央民族大学美术学院，2003.
❸ 刘熙. 释名(卷四)[M]. 丛书集成本. 长沙：商务书馆，1939：75.

图4-3　昭觉蜜蜡珠耳坠，中间一颗是橙色的

（二）耳坠

耳坠是在耳环基础上发展演变而来的一种耳饰。它由两部分组成：上半部分为戴入耳孔的圆形环，下半部分为环下悬挂的一枚或一组坠子，故将此耳饰称为“耳坠”。凉山耳坠的材质有蜜蜡珠（图4-3）、玉、珊瑚、玛瑙、贝壳或金、银等，款式也因年龄和地区的不同而有所差别。

1. 蜜蜡珠耳坠

彝语意为黄色珠子，戴于男子左耳，是彝族男子重要的饰物(图4-4)。款式是耳环下坠有三颗大珠子，中间一颗如鸡蛋黄大小，上下各衬一颗较小的红色珠子，底悬一绺长长的黑色吊穗(图4-5~图4-7)。

图4-4　美姑蜜蜡珠中间一颗多为黄色的

图4-6　盐源地区妇女也戴蜜蜡珠

图4-5　美姑蜜蜡珠耳坠

图4-7　美姑密蜜蜡珠三颗也可是红色的

2. 贝壳、珊瑚、玉石耳坠

坠物为贝壳、珊瑚珠子、扁圆形的玉佩等，是女子常用耳饰，双耳佩戴。美姑彝族小女孩一般戴贝壳（图4-8），青年妇女戴成串的玛瑙或珊瑚珠，每串长45厘米左右，每只耳戴5~7串（图4-9~图4-11），每串再系数片弯月形银片；老妇则戴饰有太阳形图案的圆形玉佩（图4-12、图4-13）。

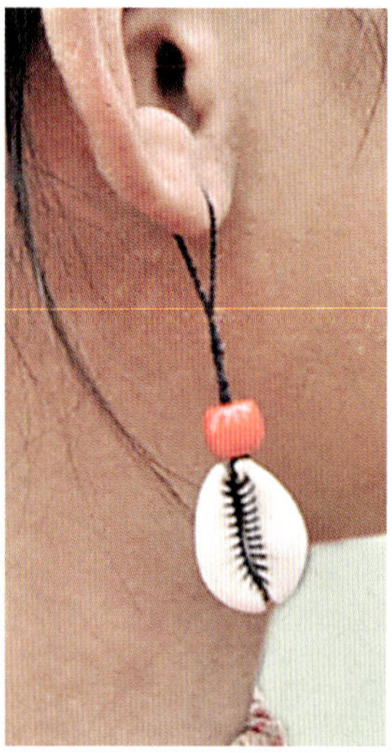
图4-8　小女孩戴珊瑚珠和贝壳

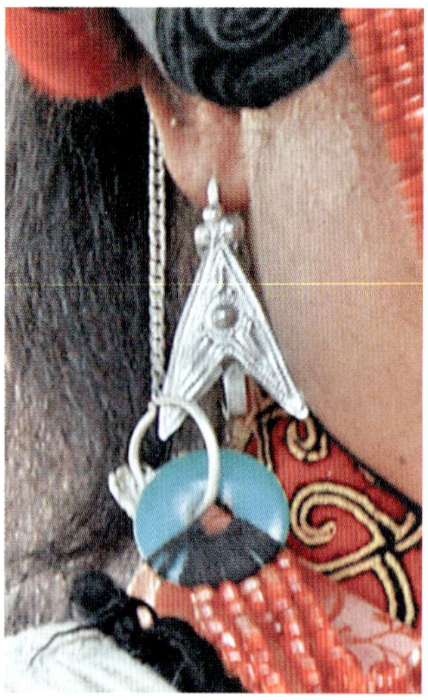
图4-9　银耳环下坠绿色玉佩和5串珊瑚珠

图4-11　美姑姑娘银耳环下坠玉佩和7串珊瑚珠

图4-10　布拖银耳环下坠玛瑙和珊瑚珠（严薇摄）

图4-12　美姑的玉佩

图4-13　美姑老妇戴饰有太阳形图案的玉佩

图4-14　昭觉各式银花、银片耳坠

图4-15　昭觉银花、玉佩、珊瑚珠等组合而成的耳坠

图4-16　美姑具有立体感的银耳坠

图4-17　美姑柳洪具有立体感的银耳坠

3. 银质耳坠

彝语称“娜姿娜俄”。三大方言区的妇女都佩戴银质耳坠，坠物是银质或金质的穗子，以及各种造型的银花、银片等。昭觉戴银花、银片（图4-14），有的加珊瑚珠（图4-15），美姑戴工艺复杂、具有立体感的银耳坠（图4-16、图4-17），布拖、普格喜戴银辫穗子耳坠（图4-18、图4-19）。

图4-18　普格银辫耳坠

图4-19　普格街边出售的各式首饰

二、手饰

手饰为饰手之物。此类饰品主要包括戒指、手镯、臂钏等，与服装搭配使用，其主要功能是起美化和装饰手的作用。

（一）戒指

戒指是人们套在手指上的环形装饰物，古称“指环”。古代汉族指环，不仅是一种饰物，还是宫廷妇女用以避异的一种标志物，它蕴涵着深厚的爱情和婚姻的礼俗文化。而各个民族对戒指佩戴的不同手指和不同方式，也都有许多文化差异。戒指在凉山彝族男女均可佩戴，结构由指环和戒面两部分构成，款式造型丰富多样，主要有以下几种：

1. 圆环形

圆环形是最普通的指环形式，一般以金属条或片弯成，戒指的环身多为素面（图4-20）。

2. 嵌宝形

嵌宝形戒指通常以金属指环为基础，上嵌各种宝石，故也称“镶嵌指环”。具体制作方法是：在金属环身上留下几个突出或凹陷的托座，然后将宝石加工成方、圆、鸡心等形状，镶嵌在托座上。而凉山一般是镶嵌海螺片（图4-21）、珊瑚等（图4-22）。

3. 盾牌形

盾牌形戒指大多以压模法制成，所用材料以金、银为主，装饰部位比一般指环戒面要大，因外形与盾牌酷似，故而得名。戒面有素面、刻字、币面、刻花等多种形式，三大方言区的女子都喜欢佩戴这种盾牌形戒指（图4-23、图4-24）。

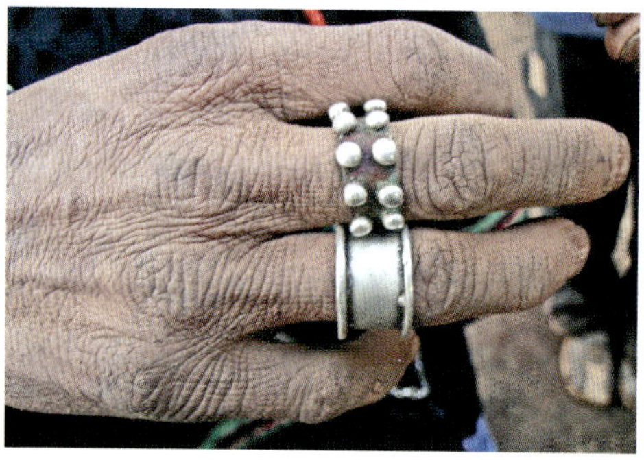

图4-20 布拖银戒指

图4-21 美姑镶嵌海螺片戒指

图4-22 美姑镶嵌珊瑚、海螺片戒指

图4-23 普格盾牌形戒指

图4-24 美姑姑娘的手上戴满了各式戒指

（二）手镯

手镯在古代称为“腕环”，简称“环”，主要根据其形状和装饰部位而得名。手镯是彝族妇女常戴的手饰，既可戴在左手，也可戴在右手，或两手都戴，还可以同时佩戴数个。而由多个手镯组合成的臂饰称为“钏”。环和钏名称曾通用或混称，明代才将手镯和钏的称谓分开。制作手镯的材质可用玉石或金、银等，而玉石等天然材料手镯比金属手镯出现的要早。春秋战国时期，金属镯才出现，但玉镯仍然流行。南诏大理国时期彝族就已经有了工艺精细的金属手镯。冯汉骥先生在《云南晋宁石寨山出土文物族属问题试探》一文中写道：“滇族女子……贵族妇女臂上戴扁形镯4~5道，几乎将整个下臂笼罩，有的腕上还戴一个璧形的玉环。”[1]说明这个时期彝族妇女除戴金属镯外，还戴玉镯。

凉山手镯基本是金银材质的，形制可分为两类：一种用金银丝弯成圆形，造型和制作工艺简单；另一种用模制法加工制成，外形多呈圆管状，镯面上刻有纹饰（图4-25）或镶嵌各种宝石。手镯加工工艺丰富多样，有镂空雕花、纹丝、刻花、塑形等，其做工精美，图案丰富，不但作为理想的饰品，也被视为避邪之物。图4-26所示为昭觉镂空雕花手镯，图4-27所示为凉山最传统的模制加工手镯，图4-28所示为昭觉银器作坊。

图4-25　布拖刻花手镯

图4-27　美姑手镯和盾牌形戒指

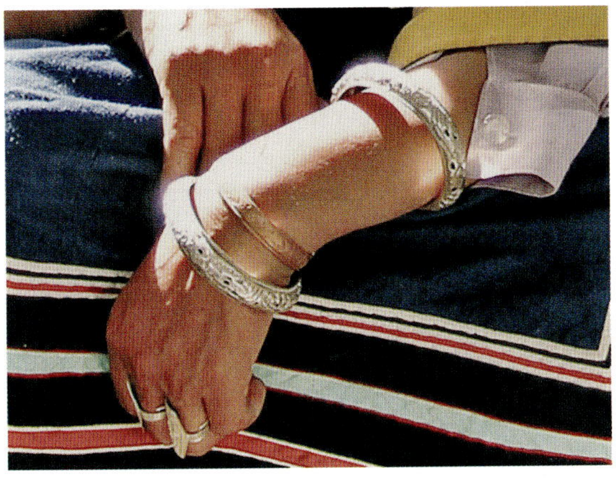

图4-26　昭觉镂空雕花手镯

图4-28　昭觉银器作坊（严薇摄）

[1] 冯汉骥. 云南晋宁石寨山出土文物族属问题试探[J]. 考古，1961.

三、项饰

项饰是挂在颈部的饰物，如项链等。颈部由古至今一直是人体最显要的装饰部位之一。颈项（项是颈的后部）是头颅与身体的连接部位，不易被服装掩盖，而经常裸露在外，其高度又与人的视线相平，因而人们十分注重对这一部位的装饰。因颈项为圆柱体，而项饰围之以饰，故其形状多呈环形。

凉山彝族女子上衣因为是立领，故一般不戴项链，但仍然重视颈部装饰，如佩戴造型各异而夸张的银领扣和硕大的长方形银领牌，这是项饰的另一种展现形式和佩戴特点（图4-29~图4-32）。

图4-33 火把节盛装上的胸饰

图4-29 昭觉银领牌

图4-30 美姑银领扣

图4-31 普格银领扣

图4-32 普格银领扣和银花领

图4-34 背饰

图4-35　银花上錾刻的龙形图案

四、胸饰和背饰

在一些重大节日如火把节、彝族年等，家庭富裕的少女会穿盛装，要佩戴许多银制的胸饰和背饰（图4-33~图4-35）。胸饰长约100厘米，由7~9个独立的银配件用银链连接组合而成，头上再配戴华丽的头饰。

第二节　服饰配件

一、男女共披的“察尔瓦”、“披毡”

“察尔瓦”、“披毡”是凉山彝族最具特色的传统服饰配件，也是男女老少生活中的必备之物。由于凉山属亚热带季风气候，四季不分明，故服饰季节性不强，四季都穿单衣，只以察尔瓦、披毡来适应季节的变化，抵御寒冷，故有昼为衣、夜为被、雨为蓑等多种功用。家居或野宿，皆缩头其中裹之而息。放牧、打柴等野外劳作都要用它遮风避雨或垫肩。夏天察尔瓦、披毡一般单独披用，冬天为了暖和在察尔瓦里面还要再穿一件披毡。另外，凉山还有各种材质的蓑衣，如银蓑衣、马尾蓑衣等。

图4-36　在冬天察尔瓦与披毡是一起配套穿用的

（一）“察尔瓦”

1. 察尔瓦的结构

“察尔瓦”彝语称“瓦拉”，是以绵羊毛用古老的“纺专”手工捻成线，再用原始的“腰机”织成布，最后缝制而成的披衣，形似斗篷。在功能上“察尔瓦”是比贯头衣、交领衣更为原始的服装形制，它虽未能达到上衣的完整结构，但基本具备了上衣的特点和功能，而在穿着方式、方法上比上衣更多样化，将其披在身上能使肩部、背部、双臂甚至胸前都可以被罩住，既适体、保暖、实用、美观而又别具风格（图4-36）。

察尔瓦围度宽约100厘米，一般由9~11个幅面竖拼而成，老式的较宽大，由13个幅面缝合而成（一般用于背小孩），单幅幅面的宽度21~33厘米，9个幅面的小型察尔瓦单幅宽约33厘米。察尔瓦的长度依据身高而定，通常为100~140厘米。下端吊有绳穗，新式的绳穗长是察尔瓦全长的一半，50~52厘米，老式的绳穗长是察尔瓦的三分之一，约33厘米，领围37~44厘米。察尔瓦各地都用“人字斜纹”的羊毛手工布料来制作，因为斜纹布有漂亮的纹理且面料厚重耐磨（图4-37）。

2. 三大方言区察尔瓦

察尔瓦在款式和风格上因地区不同而各有差别。

（1）昭觉绳穗察尔瓦

昭觉察尔瓦毛好、色白，“人字斜纹”肌理清晰，工艺精细，喜欢在下端编织长长的绳穗（图4-38）。在昭觉许多彝族家庭都以制作察尔瓦为生，形成了制作、生产、销售的完整链条，是彝族传统服饰工艺保留得最完善、最有特点的品牌，产品销售到全州各个彝区，成为昭觉最有经济效益的服饰手工产业（图4-39、图4-40）。

昭觉察尔瓦的缝制方法与步骤（面料的织法见第七章）：

图4-37 察尔瓦的结构和展开效果

图4-38 昭觉察尔瓦

图4-39 昭觉卖察尔瓦的市场

图4-40 两片缝合

图4-41　将所有的幅面缝合成一大片

图4-43　一人拉着一端，另一个人用手指来回地编结，拉着的人将编过的部分打紧

图4-44　在头上接着编拴领口用的绳

图4-42　将各个幅面顶端剪开

图4-45　编好后的效果

第一步，拼缝各片：用羊毛线将各块拼缝，先两片缝合（图4-40），再将所有的幅面缝合成一大张（图4-41），然后将各个幅面剪开（图4-42）。

第二步，制作衣领：用羊毛线编结宽约2厘米的编织条，方法见图4-43~图4-45，用编织条包缝领口（图4-46）。

第三步，收底边、编掉穗：先收察尔

图4-46　用编结好的条将察尔瓦的领口包缝住

(a)经线一股压一股

(b)相互盘绕

(c)每3根一组，用两组当芯，一组开始打结编掉穗，将盘绕的线打一个圈，让线头留在里面

(d)第一圈

(e)第二圈

(f)第三圈

(g)最后抽紧中间的线头

图4-47　收底边、编吊穗的工艺流程

瓦的底边，以经线相互压编成辫子边，来回四趟[图4-47(a)~(b)]，再编吊穗[图4-47(e)~(g)]。

第四步，洗、晾：用洗衣粉将其洗净后，挂起来晾干（图4-48）。图4-49所示为昭觉街上披察尔瓦的男人们。

图4-48　洗净后挂起来晾晒干

图4-49　昭觉街上披察尔瓦的男人们

图4-50　美姑无绳穗镶边察尔瓦

图4-51　美姑毕摩一般都要穿察尔瓦

图4-52　披戴镶边察尔瓦的女子

（2）美姑镶边察尔瓦

美姑镶边察尔瓦的形式为底边无绳穗，色彩一般为羊毛本白色或黑色，襟侧和下摆处镶嵌有30厘米宽的黑布边，在黑布边上面有两道黑色线条形成横向装饰，黑白相间，格外醒目，男女都可穿着（图4-50~图4-52）。当然也有不镶边的察尔瓦（图4-53）。

美姑制作察尔瓦的手工羊毛布与昭觉的有所不同，织布工艺虽也是斜纹织布的一种，但没有人字斜纹排列，面料也没有昭觉厚重。

图4-53　美姑柳洪赶集披察尔瓦、披毡的男人们

（3）布拖察尔瓦

布拖察尔瓦为本白色，领口、底边镶嵌一圈黑色布边，下吊深色绳穗（图4-54、图4-55）。

另外，布拖地区还有羊皮披衣和用马尾、棕编织的蓑衣，也属于察尔瓦同种类型的服饰。其中，羊皮察尔瓦是布拖最具特色的服饰之一。

在凉山彝区有一种有趣的习俗，每年给公羊剪毛时颈部和臀部的毛留下不剪，据说是为了好看，也含有对"阳性"的尊崇之意。羊皮察尔瓦用5张整的公羊皮制成，从绵羊的颈部到尾部，刚好是披风的长度，羊尾部的长毛，正好做披风底摆的掉穗，底摆是长毛，其余全身为细卷短毛。领部用擀制的羊毛毡叠褶收拢，披时毛面朝外，颜色是羊毛的本色，以纯黑色最为珍贵。制作察尔瓦需选优良品种的羊，经2~3年精心饲养、管理、剪毛等工序，方能制成一件完美的羊皮察尔瓦（图4-56、图4-57）。

图4-55　布拖察尔瓦效果图

图4-56　布拖西溪河绵羊皮察尔瓦（严薇摄）

图4-54　染成蓝色的布拖察尔瓦

图4-57　羊皮察尔瓦的里面（严薇摄）

（4）越西察尔瓦

越西察尔瓦多染成蓝、黑色，下垂绳穗，项背和下摆周边等处嵌红、黄、绿牙边，有的还用彩线盘成二方连续纹样或排列一朵朵的蕨岌纹样，显得独具一格（图4-58、图4-59）。

图4-58　越西察尔瓦效果图

图4-59　带有越西特征的察尔瓦

（5）凉山各地蓑衣

凉山主要有马尾蓑衣、棕蓑衣和银片蓑衣等（图4-60~图4-62）。

图4-60　美姑马尾蓑衣

图4-61　布拖西溪河着蓑衣和披毡的男子

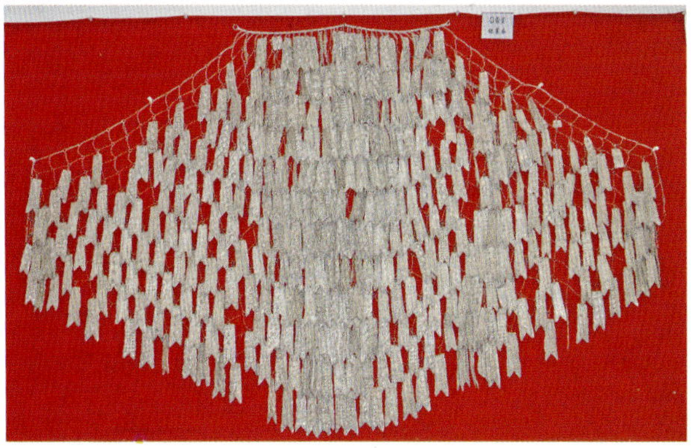

图4-62　美姑博物馆收藏的古时银片蓑衣

（二）披毡

羊毛披毡彝语称“石都”，是凉山彝族基本服饰之一，用绵羊毛擀制而成，形似斗篷，上端用一羊毛绳穿过收拢为衣领，有些地区折叠有5~6厘米的褶裥，有的无褶。披毡有单层和双层之分，颜色有原毛白色、黑色和深蓝色。常穿在察尔瓦里面，也可单独穿着。

三大方言区披毡的款式变化不大，只是有褶与无褶之分（图4-63~图4-65），而美姑的荷叶边披毡却独树一帜。

美姑荷叶边披毡只限女子披戴，下端配有三层荷叶边，无褶或有少许褶，一般为蓝色，有些用线密纳（图4-66、图4-67）。

图4-65　布拖西溪河披无褶披毡，跣足的老妇（严薇摄）

图4-63　美姑柳洪新娘披的有褶披毡

图4-64　布拖西溪河有褶白色披毡（严薇摄）

图4-66　美姑无褶荷叶边披毡，荷叶边是用布料缝上的

图4-67　蒙了一层黑色布料，用线密纳过的披毡

二、女子服饰配件

（一）装饰百褶裙的三角包

凉山彝族妇女多在腰际配挂三角形荷包，用于装零钱、针线或烟叶等杂物。彝族女装一般衣裙上都无口袋，一些必需随身携带的小物件就可装在三角包里，外出时佩于腰间，同时可作为腰部装饰品随百褶裙裙摆一起飘荡。三角包包面精饰各种纹样，尤以蕨岌纹为多。并且下端缀以各式工艺复杂精细的彩色飘带，而各地区三角包的图案、飘带的形状、工艺等各有特点。

另外，一些地区喜欢将牛骨针筒与三角包挂在一起，还在胸口佩挂口弦以及装饰用的獐牙等，他们相信能以之辟邪。

1. 昭觉三角包

昭觉三角包以拼贴工艺为主，喜欢用红色底布，上配黑色图案，用黄线锁绣（图4-68~图4-71）。

图4-68　昭觉用拼贴工艺制作的三角包和牛骨针筒

图4-69　三角包和针筒的完整图

图4-70　昭觉拼贴工艺制作的矩形挂包

图4-71　昭觉用金丝绒拼贴绣制作的挂包

2. 美姑三角包

以盘绣工艺为主，喜欢在红色底布上锁绣黑底黄边的蕨岌纹等（图4-72~图4-74）。

特别需要说明一下独具特色的美姑柳洪三角包。柳洪不但服装风格别具一格，连三角包图案的设计与创意和缝制工艺也独特而新颖。主要采用了剪贴图案，然后将纹样边缘折回缝好而完成（图4-75~图4-77）。

美姑柳洪三角包图案的剪制过程和缝制方法：

图4-74　美姑三角包完全图

图4-76　对折后的效果，上端没有红色小花

图4-72　美姑用盘绣工艺制作的挂包

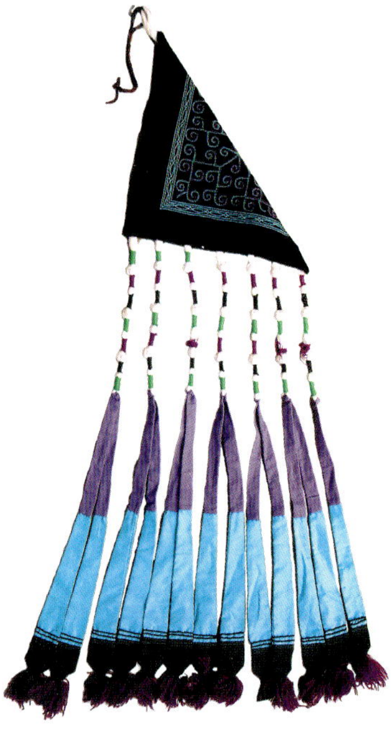

图4-73　蓝色调三角包

图4-75　纹样展开图

图4-77　美姑柳洪三角包挂在腰间的效果

①剪三角包纹样：取一块正方形黑布[图4-78(a)]，将其对折两次，使其成为四等分的正方形，然后把它按对角线斜折，使之成为八等分三角形[图4-78(b)]，将圆形模型放在三角形中间[图4-78(c)]，从折边的一方开始剪[图4-78(d)]，按螺旋形往圆心剪[图4-78(e)]，一直剪到圆心[图4-78(f)]，然后剪下中间的小角形[图4-78(g)]，剪完后将图案展开平整地放在白色底布上[图4-78(h)]。

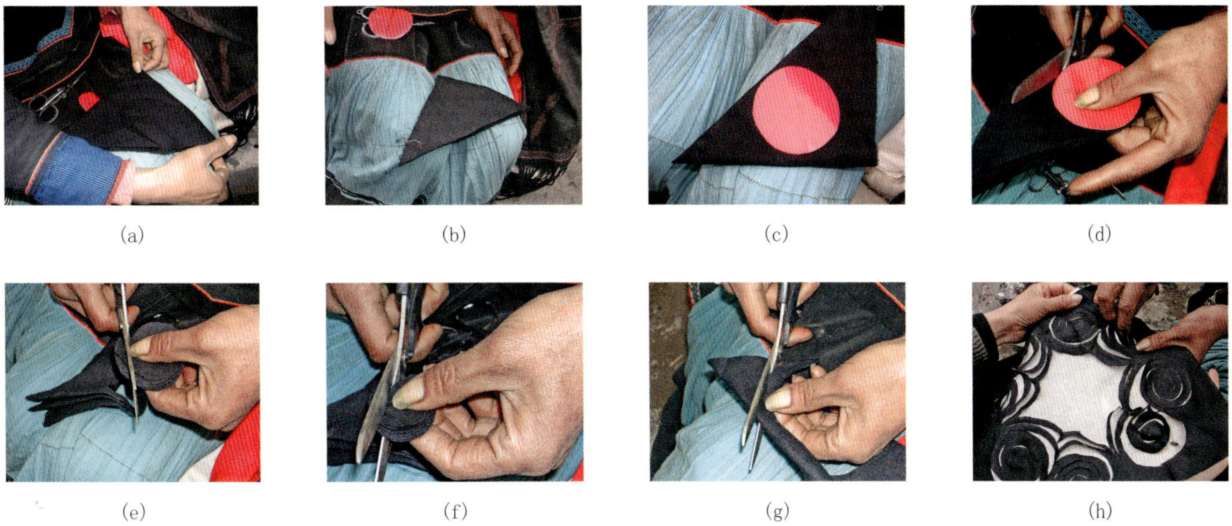

图4-78 剪三角包纹样的工艺流程

②剪三角包中间的纹样和角花：将中间剩下的三角形剪成圆形[图4-79(a)]，经过两次对折将其折成四分之一[图4-79(b)]，从双层折边处开始剪，两个边不能剪断[图4-79(c)]，一圈一圈往中间剪[图4-79(d)]，剪到中间留下中心不剪。剪出角上的小花，在下面垫上红布[图4-79(e)]。

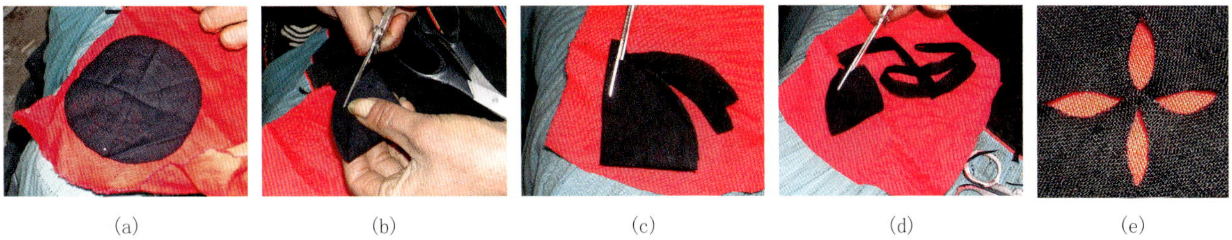

图4-79 剪三角包中间的纹样和角花

③预缝、折回缝、镂空锁缝：将中心图案放在垫有红布的布料上，将整个图案用大针码预缝在白底布上。从一边开始将图案的边缘折回缝好，再将另一边缝好。将角上镂空的花用纺紧的黄线锁缝(图4-80）。

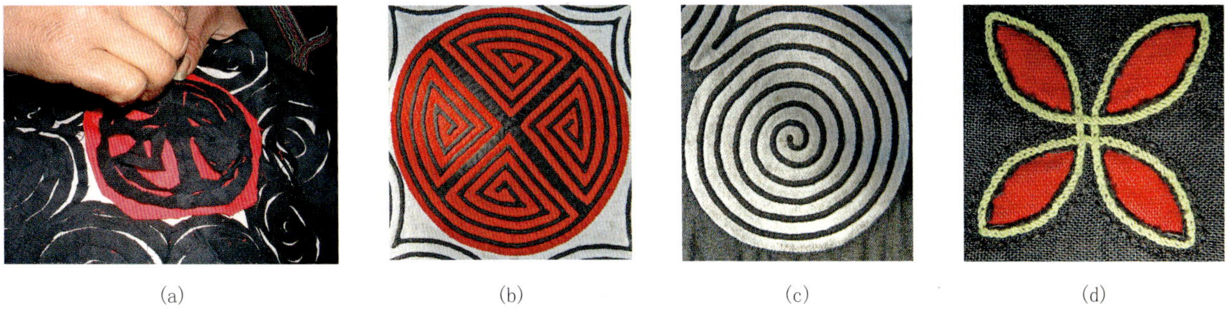

图4-80 纹样和角花的缝绣方法

3. 普格三角包

普格三角包与他们的上衣一样也喜欢用拼贴镶嵌绣工艺制作，纹样比其他方言区的要大而突出，并喜欢背矩形包（图4-81、图4-82）。

图4-84　盐源丝线腰带是可以挂许多条的，颜色也可以不同

图4-81　普格三角包配普格百褶裙

图4-82　普格用制作背被相同的工艺设计的挂包

图4-85　蓝色的百褶裙配蓝色的丝带

（二）女子腰带

在盐源、甘洛、美姑的柳洪等地区，女子在百褶裙的腰上不用佩挂三角包，而是拴系棉、麻、丝质腰带，并让飘逸的腰带垂吊在百褶裙旁，其主要功能也是装饰百褶裙（图4-83～图4-86），且与男子腰带有较大的差别。

图4-86　美姑柳洪少女一般拴白色手工布条腰带

图4-83　盐源彝族服装店卖的丝线腰带，上面是一个小包

（三）背被（背兜）

背被用于载负小儿，又是精美的工艺品。它包含了彝族人对幼小生命的关爱与期望、避邪吉祥等美好的愿望。背被因为面幅宽大，适于绣制图案，母亲们都要在背被的中央与四周绣花作为装饰。凉山背被饰花工艺主要以拼贴绣为主，设计的纹样和色彩块面感较强。一针一缕的彩线，绣到背被上时，交织了母亲们对儿女的深厚情感，她们用人间共有的母性慈爱，连同各种彩色的丝线和对于孩子将来的幸福希望，一同寄予到设计和制作背被中去，正是这种不懈的热情使凉山彝族的服饰艺术总是充满生气和魅力。

凉山各地小孩背被的图案、色彩、工艺都与每个地区的服饰风格相一致（图4-87~图4-91）。

图4-87　越西背被之一

图4-88　越西背被之二

图4-89　普格背被交叉于前的刺绣背带

图4-90　普格背被的幅面都比较宽大

图4-91　背被中间的图案表示多子多福，还有绣满各种彝族服饰符号的“博士帽”

三、男子服饰配件

（一）腰带

中国古代人们在腰部系上一根大带，称腰带。古代腰带名目繁多，形制复杂，但总的来看，可分为两类：一类以丝帛制成，古称“大带”或“丝绦”；另一类以皮革制成，古称“鞶带”。

彝族先民在先秦时期就系腰带。冯汉骥先生在《考古论文集》文中写道：“滇人（嶲人）男子的服装……腰部束带。”[1] 古代人们系腰带的作用与今天不同，当时人们衣服无扣，束腰带可使衣服不散开。周汛《中国古代服饰大观》文中写道：“中国早期的服装，多不用纽扣，只在衣襟

[1] 冯汉骥. 考古论文集[C]. 北京：文物出版社，1985：126~128.

第四章　首饰·服饰配件·足衣

处，缝上几根小条，用以系结。这种小带名称叫'衿'。"《说文•系部》："衿，衣系也。"段玉载注："联合衣襟之带也。今人用铜纽，非古也。"说的就是这种情况。为了不使衣服散开，人们又在腰部系上一根大带，这种大带就叫腰带……，[1]据以上论述，说明古时人们的腰带功能是将衣服裹在身上，使衣服不致松开。

唐宋时期的南诏大理国，男性统治阶级中曹长以上的官员，或有武功受到褒奖的人腰系金腰带，除了具有表明身份的功能外，还是一种装饰品，起装饰作用。[2]

此外，腰带对于狩猎和游牧生活的彝族还有另一种实用功能，即腰带上可以挂许多为打猎活动所必需的日用物件，如刀、水壶等。

凉山彝族腰带种类较多，不同支系各有差异，大都用棉布或羊毛手工布制作。

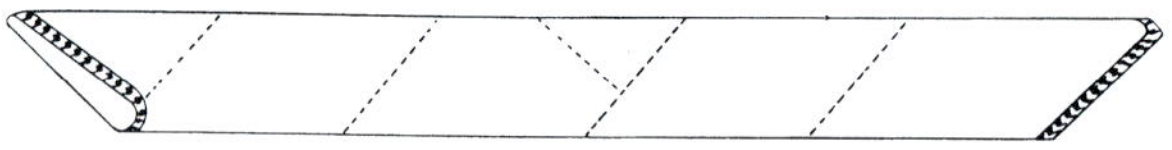

图4-92 腰带图

1. 美姑男子腰带

美姑男子腰拴红色、镶线、中间空、两端为三角形的腰带(图4-92、图4-93)，长约130厘米，宽6厘米左右，系时露于衣外，垂于宽大的裤子腰部中央，在色彩上老年喜用青、蓝色。

2. 布拖男子腰带

布拖腰带多用湖蓝色棉布缝制，宽27厘米，长约260厘米，中间空、两端成三角形，一般绣或镶嵌有以线为主的同色或红色的菱形图案或花纹，系时露于衣外，双带垂膝（图4-94）。

图4-93 美姑青年男子红色腰带，腰带上装饰有彩色线条

图4-94 布拖腰带一般为湖蓝色

（二）佩带（"英雄带"）

彝语称"图塔"，过去它是用细牛筋编织成带，带面上镶嵌如纽扣状的白色砗磲片（海螺片），带底用红布衬里饰边。佩带为古时彝族男子的刀带，带的下面挂有刀鞘，内插彝族称为"名出"或"以莫"的长刀，是彝族古代战争中的重要武器。后来，随着社会的发展，刀和刀鞘已失去昔日的作用，但刀带却沿袭至今，成为凉山彝族男子的一种重要配饰，现今仍为男人们所喜爱，男子外出时左肩斜挎佩带或佩刀，以显示英武（图4-95、图4-96）。另外，在越西地区女子也可佩戴这种"英雄带"（图4-97），一般在节日或正式场合佩戴。

[1] 周汛.中国古代服饰大观[M].重庆：重庆出版社，1994：366.

[2] 邵献书.南诏和大理国[M].长春：吉林教育出版社，1990：220.

图4-95　昭觉男子“英雄带”挂在右肩

图4-96　布拖男子“英雄带”挂在右肩

图4-97　越西男女都挂“英雄带”，无论男女一般挂在左肩

第三节　足衣

古代将草、布、革等原料制作而成的各种类型的鞋统称为履或“足衣”，彝族称“西涅”，是对布鞋、皮鞋、球鞋等的总称。

从出土文物中，可以得知凉山彝族在历史上一直是光脚民族，先秦至魏、晋南北朝时期，彝族先民就是跣足或称赤足，唐宋时期仍以跣足为主要特点，元代仍然承袭了跣足、披毡遗风。如李京《云南志略》载：“男子椎髻……男女无贵贱皆披毡、跣足……”[1] 明代土司官员服装由朝廷依品而赐，故由此推断土司官员可能穿鞋。清代，史载“罗罗有跣足”，也有着鞋。民国时期凉山彝族仍然是奴隶制，多数人保留跣足特点。解放后，尤其20世纪70年代以后，凉山彝族不分男女皆穿胶鞋，但也有不少比较贫困的地区仍然保留跣足遗风。

一、草鞋（屦）

过去彝族人自己制作的鞋主要有草鞋和麻鞋，在我国服装史上将草鞋类称为屦。屦是一种用细绳编成的鞋，制作简便，结构牢固，适合于外出旅行。《释名•释衣服》“屦，跷也，出行着之，跷跷轻便，因以为名也。”古时用于制作屦的材料十分丰富，常见的有草、葛、棕、麻等。其制作方法是首先在制屦的植物中剥取纤维，然后绩续成缕，搓捻成线绳，最后编织成屦。

凉山的草鞋，一般用山草等编制、用麻绳为耳做成（图4-98）。除了草鞋以外，用得较多的还有麻鞋。凉山彝族人冬天出远门时，脚穿用麻绳或草绳编织的屦，有的麻鞋是毡底，称毡底麻鞋。

解放前，凉山彝族穿鞋也仅限于居住地接近汉区的部分彝族群众和少数富有的上层人士，但所穿的鞋一般都是从汉族地区运进的。解放后，尤其20世纪70年代以后，鞋不仅成为参加工作的广大彝族职工的日常必需品，而且也逐渐成为彝族

[1] 李京.云南志略[G]//说郛三种.上海：上海古籍出版社，1988：624.

图4-98 全身穿彝族传统服饰的美姑男子们正在用山草编制草鞋美姑的麻制绑腿

农牧民的日常生活用品。随着生产的发展和生活水平的改善，彝族人中穿鞋、袜者也逐渐多了起来。现在凉山无论男女老幼，都特别喜爱穿便于在崎岖的山路上行走的球鞋，最常穿的是价格便宜的“解放鞋”，穿上它行路、劳作、上山打柴等既轻便又实用。

二、毡袜

袜是足衣的第二个组成部分。“袜”字在古代通常做内衣解。穿在足上的袜，一般写作“韈”。如《释名•释衣服》称：“韈”，末也，在脚末也。”袜子最初是用兽皮制成，到汉代已变成用布帛缝制了，以后用针织品制作。

据史料记载，人类在远古时期，不穿鞋，也不穿袜，在狩猎和采集中为了保护脚和防寒，用兽皮裁成小块，将双足包裹，既是鞋，又是袜。古时鞋和袜是不分的，随着社会的进步，足衣有了分类，专践于地的称鞋，衬在鞋内的称袜。从出土文物看，西汉时期就有穿布帛之袜，从而推断汉人穿布袜最迟不晚于汉代。

前面所述，旧时一般彝族民众是没有鞋穿的，平时跣脚行走。但冬季山区大雪覆盖，出门劳作，必须穿毡袜，其外再着草鞋或麻编鞋，否则容易使脚冻伤。彝族先民何时开始穿袜？据学者对《南诏中兴二年画卷》的考证，其中人物有着鞋，但没提到袜，由此推断彝族先民开始穿袜时间最早应在南诏着鞋之后。凉山不同地区毡袜的结构和款式也不相同，分有底和无底两类，形似靴子，长可至膝以上（图4-99）。在过去，毡袜是彝族人特有的御寒服饰，但现今的生活条件大为改观，穿毡袜的人已很少了。

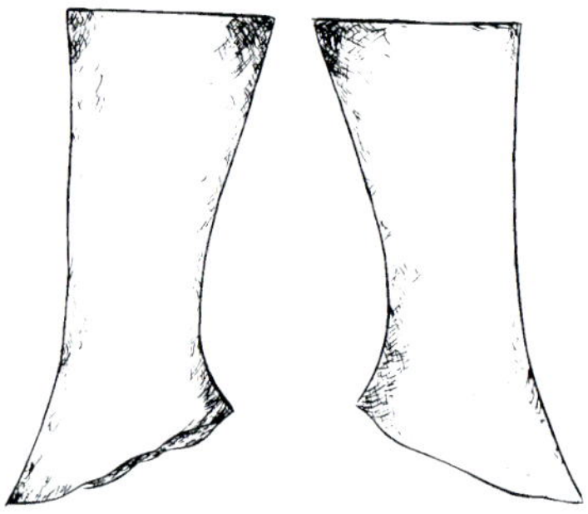

图4-99 毡袜效果图

三、绑腿

护腿，彝语称“西约”，指缠绑在小腿上的布带或布套。一般用麻或羊毛织品做成，长200厘米左右，宽约12厘米，多为白色或麻黄色，使用时从下到上缠裹于小腿上，多为大裤脚地区的男子穿用（图4-98）。

护腿是为适应高山地区的生存环境而产生的，便于在山路上行走，凉山彝族服装的样式，不管裙子还是裤子都比较宽松、肥大。而山林之路棘草丛生，山野之中，更是毒草孳发，很多地区彝族人无论穿裙还是穿裤，皆喜扎绑腿，既防棘荆，夏天又可防蚊虫叮咬，冬天还可御寒保暖。

第五章
服饰色彩与服饰纹样

彝族视黑色为服饰色彩中的“极品”。在彝族传统服饰中，男装全身皆黑色，女装则以黑色作为服饰的基本色调，在其上再配以红、黄等色。黑、红、黄服饰色彩的搭配与组合直观地展现出凉山彝族性格中善良、宽厚、坚毅、热烈、执着、奔放的民族个性和文化特征。而彝族服饰中的纹样或抽象、或具象，丰富多样，当中蕴含了彝族人传统的文化观念、审美价值和生活理想。

第一节　服饰色彩

一、色彩的等级观念

人类自从懂得了运用色彩，色彩的象征意义便伴随着人们的生活而存在。色彩的象征意义主要来自人们的生活经验和联想，与人们的情感息息相关：一方面通过视觉来体验色彩的审美价值，随着红花绿柳、蓝天白云、青山绿水的景象，呈现出缤纷的自然美魅力；另一方面，人们的衣食住行等基本的生存手段随不同的生存环境、不同的民族历史和不同的时空变迁，各个民族对色彩的感知和认知又赋予了各自的人文色彩。

作为服饰三大要素（款式、面料、色彩）之一的服色，在中国古代有从一到二、从二到三、从三到四、从四到五、从五到多色的演变过程。❶即从旧石器时代一色独尊，到夏、商时期尚黑、尚白的二色观，到西周与四方模式相对应的青、赤、黑、白四色，再到东周时期与五行、五分、五帝、五兽相关联的五色以及尔后形成的正色与间色的多种色彩演变的历史，这些都说明不同时期的色彩观念背后都有其民族、历史、宗教等诸多的文化因素。

“在较高的文明阶段里，身体装饰……尽了一个范围较广也较为重要的职能，那就是担任和区分各种不同的地位和阶级。”❷在世界范围内用黑色作为服饰主打色彩的民族较多，因为黑色在人们心目中与庄重、高贵、财富、沉稳、智慧联系在一起。汉族的祖先就有尚黑的习俗和传统，比如汉族祭祀的太庙是黑色的玄堂，巫师身着黑色的玄衣，祭器都用黑色……

凉山彝族在过去等级森严、贫富悬殊的奴隶社会，服饰无论在质料、款式、色彩上也都有严格的规定，特别是体现在服饰用色上的黑、白等级象征意义，尊卑贵贱，一目了然，而且这种黑、白色彩的等级观念一直延续至今。

二、尚黑

凉山彝族自古就有以黑为贵、为尊的色彩观念。彝文史籍《彝族源流》称“深邃三十三层地，成于黑色圆圈”，彝族人用黑色代表与之依附存在的一刻也不能分离的大地。另外，尚黑保留了凉山彝族的文化传统与信仰，这种尚黑和他们的祖先崇拜、图腾崇拜、宗教信仰有关，如传说彝族的祖先是一只黑额虎；尚黑还与其族源有关，彝族源起西北羌戎，羌戎其衣尚黑。彝族人对黑色、对虎的崇拜及尊敬是胜过一切的，土司在作战、祭祀等大型活动中都要穿黑色的服饰，主持宗教活动的毕摩（祭司）也都身着黑色的法衣，祭祀用的牛、羊、猪等牺牲，盘钵等祭器都必须是黑色的。而且，他们居住的高山丛林也都是青、绿深沉的颜色，故以黑色象征大地，表示深邃、广袤、强大。由于尚黑，他们所居的山、水之名也喜欢用黑色来称谓，如金沙江沿岸的彝族谓之“诺矣”（黑水）……同时，恶劣的自然环境和艰苦创业的精神，使凉山彝族人养成了含蓄而深沉的性格，黑色也是这种民族精神的体

❶ 张志春.中国服饰文化[M].北京：中国纺织出版社，2001：1~34.
❷ 格罗塞.艺术的起源[M].北京：商务印书馆，1981：81.

现。从物理性能上讲黑色布料具有吸热性强，保暖性好，耐脏耐穿等自然特性，是勤劳、健康的色彩，因而深受彝族人喜爱。总之，黑色是凉山彝族服饰最基本、普遍的色彩，是他们的服饰底色，也是体现凉山彝族的文化底色，它奠定了凉山服饰深沉、古朴、神秘、宽博的审美基调（图5-1）。

需要补充说明的是，深蓝色有着与黑色相近的色彩属性和色彩感觉，在没有黑布或黑色染料的情况下，深蓝色也可作为彝族人服饰的主打色彩。

黑色的高贵不仅体现在服饰色彩上，还用黑、白色来划分、定义和形容过去奴隶制度下彝族人的贵、贱等级。据明代《云南图经志书》载，彝族“有黑白之分”。他们称统治阶层的贵族为“黑彝”（彝语称为“诺苏”，“诺”在彝语中为“黑”之意），认为血统越高贵其骨头越黑，“黑骨头”是一种赞扬的美语，认为只有黑骨头的人才能做官治人；反之“白骨头”就是被统治的娃子或平民，谓之“白彝”（彝语称为“曲苏”，“曲”在彝语中为“白”之意）。而且特别讲究血统，每个黑彝“家支”极为重视自己贵族血统的“纯正”，自视“高贵”，不与他族通婚，若黑彝阶层与白彝阶层的人通婚，就会被剥夺黑彝身份，甚至被驱逐出“家支”。血统混杂不纯者，谓之“花骨头”、“黄骨头”，其地位还在“白骨头”之下。历史文献上对彝族“乌蛮”、“白蛮”称谓的区分可能也出自这个原由。

由此，黑彝穿上等全毛或棉布材质的衣裙，一般男子的头巾要缠得规整，妇女帽盘要比白彝妇女的大，素衣宽布，而衣裙要长不露趾，百褶要多，裙底边镶贴的黑布条要宽，行走起来拖地有声，威风凛凛。其中，老年妇女在黑衣上装饰少量的蓝、绿色花边或镶嵌冷色的线或面，年轻妇女在服饰的纹样和图案上则可配红、黄、绿等色，但用色比例较少。总体来说，百褶裙以黑、深蓝色为主，并喜将“察尔瓦”、“披毡”也染成黑或深蓝色。服饰整体风格高贵、肃穆、稳重、统一。

与黑彝相对，白彝穿自制的羊毛或麻料衣裙，妇女服饰色彩的运用随意而个性，色彩搭配较为鲜明、艳丽，绣花用的丝线颜色也丰富多样，百褶裙多用鲜艳的红、黄、绿、橙等色搭

图5-1　布拖西溪河黑彝妇女全身着黑装（严薇摄）

配，而白彝的“察尔瓦”、“披毡”多用绵羊毛本白色。

三、喜红

除了黑色以外，红、黄等色在凉山彝族服饰、建筑图案、手工艺制品、餐具等方面运用得也比较频繁，需要说明的是，这些红、黄等色，是纯正而内敛的中黄、橙黄、大红、深红、紫红等，色感艳丽但绝不轻佻。以黑、红、黄为主的服饰色彩的组合，成为凉山彝族色彩文化的主色调。

红色象征着凉山彝族对太阳、对火的崇拜。汉族视红色为喜庆吉祥之色，而彝族视红色为生命之色，对红色寄托了浓厚的情感。彝族著名的创世史诗《勒俄特依》、《查姆》以及神话《天地万物的起源》和传说《火把节》等，均记载了彝族在开天辟地与自然界共同生存的漫长岁月中，产生了对太阳的敬畏和崇拜，他们学会了用火来照明、加工食品、取暖，从而使彝族人的生存能力和体质状态大为提高和改善。另外，火把节也能体现他们对火的崇拜。每年农历六月二十四日是彝族的传统节日——火把节，也是祭火节，当夜幕降临，彝人皆手持火把照亮村寨和田野，扑灭虫害，驱逐邪魔，祈求丰收。彝族人生前敬火，死后也用火葬肉身。总之，将太阳与火视为生命之源、万物赖以生存之本，使之成为彝族祭祀的对象。因此，作为代表火、太阳以及象征勇敢、热情的红色，在彝族人心灵中占有特殊的地位，成为彝族服饰中最喜爱的颜色（图5-2）。

四、爱黄

中原王朝历来尊崇黄色，历朝历代的帝王都自诩为真龙天子，其身着的龙袍就是黄色的。宫

图5-2　美姑女装上的纹样和挂珠以红色调为主

廷之中凡是为显示尊贵、威严、至高无上的地方，无一例外都使用黄色。《易经》说黄帝制定冠服制度“盖取之乾坤”，在古人的观念中，乾为天，色玄；坤为地，色黄；上衣象天而用玄色，下裳象地而用黄色，即有以服饰之象与天地之象相感应的观念。同样，远在西南的凉山彝族也很喜欢黄色（图5-3），但黄色并不作为身份、地位的象征，彝族视黄色为美丽、光明和珍贵的色彩。在彝族许多民间文学作品中，描写到黄色时，总是充满褒扬和喜爱之情，还用黄色来代表美丽善良的女性。另外，黄色也是玉米、青稞等谷物成熟的色彩，代表丰收、富足、欢乐等。在布拖地区彝族姑娘喜打黄色油布伞而不是其他颜色的伞，也说明了她们对黄色情有独衷。

凉山彝族服饰的色彩美，主要表现在服饰色彩的搭配与组合上。依诺方言区的昭觉、美姑的女装上衣主色调为凝重的黑色，沿襟边、项背、衣袖等部位用红、黄、橙等色层层叠叠镶嵌如彩虹（图5-4），百褶裙用宽大的色布依次按大红、深红、紫红、中黄、橙黄、蓝色、绿色、黑色镶接成如云裳般美丽的五彩裙。她们将对比强烈的色彩进行巧妙的设计，使色彩多而不杂，艳而不俗，和谐艳美（图5-5）。在服饰色彩上追求执著、热烈、深情的审美情调。

所地方言区的布拖、普格女装，在黑色的底布上，善于将黄、蓝、绿等色和谐的搭配，并用纹饰将色块分割成小面积的对比，使服饰色彩搭配富于变化又能和谐统一于古朴斑斓之中。

总之，凉山彝族人对服饰色彩的喜爱有着自己独到的审美眼光，也有着民族历史的由来与积淀。黑、红、黄三色崇拜具有浓厚的文化底蕴，真实直观地再现了彝族传统的民俗文化，表达了

图5-3　普格西洛火把节姑娘们身穿黄色半袖、上衣，手持黄色桐油布伞

他们的喜怒哀乐、生死祸福、吉凶善恶。黑色深沉、古老、神秘、忧郁；红色代表光明、温暖、吉祥，被赋予了“血”与“火”的热情和神秘的巫术意义。黄色美丽，象征金色的秋天，具有富有、丰收、繁衍等含义；在视觉上红、黄两色在黑色基调上形成鲜明的冷暖、强弱、明暗的对比。以上这些反映了凉山彝族先民的图腾崇拜遗风，同时也反映了彝人纯朴的民族气质。

图5-4　美姑女子服饰主要由黑、红、黄色构成

图5-5　火把节上黑、红、黄构成服饰的主色调

第二节　服饰纹样

一、纹样分类及寓意

凉山彝族在服饰上对纹样的应用十分广泛和丰富，从各种首饰、配饰的立体造型纹样，到服饰上的平面造型纹样，可以说无处不饰。而凉山服饰上的这些纹样承载着彝族古老的传说和神话，作为民族文化的载体，可谓之“动态的历史”、“有形的史书”，它的功能是多方面的，文化内涵厚重而丰富。

凉山彝族世世代代居住在高寒山区，他们生活的环境山清水秀，四季鸟语花香，如诗境的天然景观让他们置身在一个奇妙的自然环境里。因此，他们在选择服饰纹样的表现形式时，总是从自己的审美角度出发，去采集自然界的花草虫鱼、飞禽走兽的形象，充分发挥和运用抽象、夸张、变形、变色、移花接木等多种艺术想象及创作手法，将自然物象所具有的各种美的形式要素提炼、分解之后，进行重新的组合，把她们对自然形态的认识以及对美的追求、向往，通过线条、图形用抽象或具象的纹样表现出来。纹样造型夸张、新奇、大胆、古朴、风格粗犷、丰富多变，使其具有独特隽永的魅力。这些造型独特的纹样是彝族人对自然美的诠释，充满了他们生命的光辉，且代代相传，成为彝族服饰文化的代表性符号，具有深远的象征意义。

（一）纹样分类

纹样按题材可分为植物类、器物类、动物类和几何类；按工艺技法可分为刺绣、镶嵌、拼贴等类；按造型风格可分为具象纹样、抽象纹样，以线造型为主或以面造型为主的纹样，或者线、面相结合的纹样；按纹样的组织形式可分为单独纹样和连续纹样（图5-6、图5-7）。其中，单独纹样多用于上衣的侧摆和前、后下方的中间位置，在视觉上有点和面的装饰效果。连续纹样用于服装的衣领、门襟、胸、背、袖口、底摆等处，在视觉上构成了线的装饰效果。

按题材分类主要包括以下类别：

植物类：蕨岌纹（图5-6）、火镰纹（图5-7、图5-8）、太阳花（图5-9、图5-10）等。各种植物以及农作物的根、茎、叶、果都被彝族妇女作为服饰纹样的题材。

图5-6　鸡冠帽上的蕨岌纹属单独纹样

图5-7　火镰纹一

图5-8　火镰纹二

图5-9　太阳花

图5-10　以二方连续纹样装饰于上衣的袖口等处的太阳花

器物类：窗格纹（图5-11）、石阶纹（图5-12）、竹编纹、锅庄纹（图5-13）、土司印章纹等（图5-14、图5-15），代表彝族人的现实生活环境。

动物类：蟹纹（图5-16）、羊角纹（图5-17）、牛角纹（图5-18）、马牙纹（图5-19）、牛眼纹图（5-20）、鸡冠纹、鸡肠等。纹样多以牛、羊为主，代表追忆祖先在野外游牧时的生活，同时象征幸福、吉祥、财富。

图5-11　窗格纹

图5-12　石阶纹

图5-13　锅庄纹

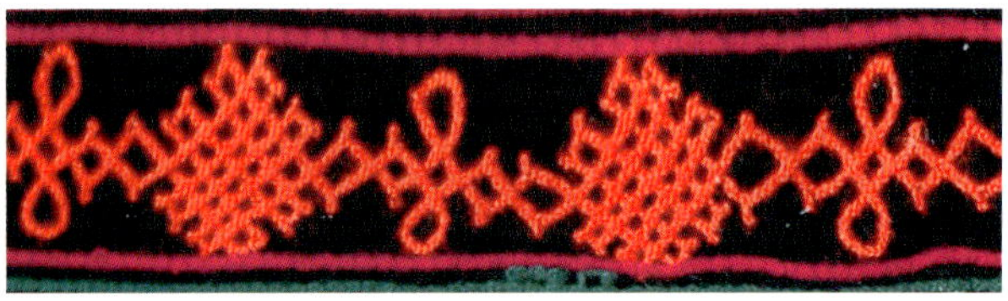

图5-14　土司印章纹之一

图5-15　土司印章纹之二

图5-16　蟹纹

图5-17　羊角纹

图5-18　牛角纹

图5-19　马牙纹

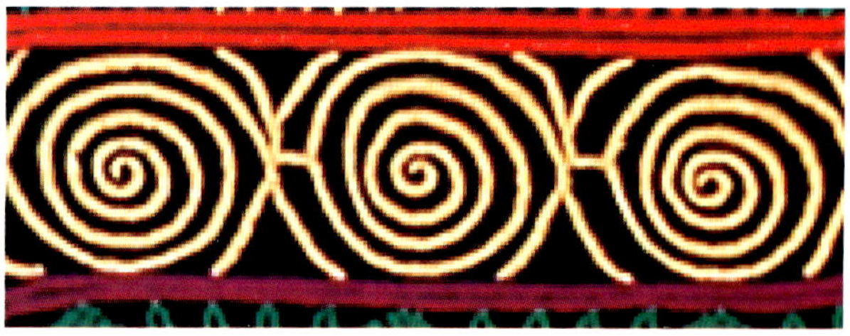

图5-20　牛眼纹

几何类：日月纹（图5-21）、波浪纹（图5-22）、漩涡纹（图5-23）、彩虹纹（图5-24）、星纹（图5-25）等，以日月星辰代表彝族人与大自然的和谐关系 。

图5-21　日月纹

图5-22　波浪纹

图5-23　漩涡纹

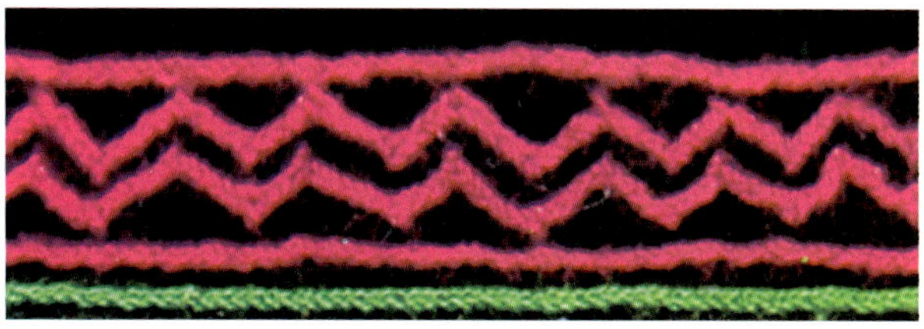

图5-24 彩虹纹

图5-25　星纹

图5-26　衣袖上排列的各种纹样

上述纹样在服饰中常常综合使用，如图5-26所示。

（二）纹样的寓意和象征

彝族女性将她们热爱生命、热爱生活、追求美与创造美的特质充分发挥和展现在活态的服饰纹样上。她们喜用抽象纹样来装饰服饰的各个部位，并十分注重纹样的以形达意，以形传情的创作理念，使纹样的构思与创造具有个性鲜明的艺术特征，具体表现在以下三个方面：

首先，凉山服饰纹样是自然物象的意念化。以自然物象为素材，根据物象的外形特征，经提炼、概括形成单纯化的单独纹样，然后对纹样进行排列、组合与布局。在提炼、概括的创作过程中，注重从自然物的外部形态特征和由此产生联想的寓意中去寻找最合适的表现形式，使自然物象特征得到升华和变异，最终成为一种有意味的纹样形式。其中，寓意和象征是最重要的表现手法。寓意是借物托意，以具体实在的形象寓指某种抽象的情感意念，如以古老的漩涡纹、太阳纹来体现彝族人川流不息的生命力和他们对大自然的崇敬心理；象征则是以此及彼，以曲折、巧妙的方式通过纹样表达一种意念和向往，如用蕨岌纹来表达彝族人顽强的生命力和多子多福的意念，以鸡冠纹、羊角纹、牛眼纹、鸡肠纹来表达彝族人对财富和好事临门的企盼心理。

其次，彝族服饰纹样是情感意念的物态化。也就是说，根据情感意念的需要，将抽象事物隐匿于具体纹样形式之中，使其具有形态的可视性，这就是我们通常所说的意念性纹样。

第三，非常强调纹样的对比变化。在对比中求得视觉冲击力，在纹样的组织、构成中非常讲究强弱、虚实、粗细、曲直的对比变化，在纹样的色彩构成上追求高艳、强对比，以显目艳丽为美。通过这些艺术手段的运用，使情感意念的物态化纹样，得以在黑、蓝底色上突出而鲜明地表现出来，从而使纹样创造的全过程得以完美展现。

总之，每一种纹样的创造过程，与艺术品的创作一样，都是人们的感情寄托和表露，凉山众多的服饰纹样构成了五彩斑斓的视觉艺术画面，是彝族人民祈求幸福、向往美好生活的心理写照，是他们的心灵智慧与精神美的体现，是主观的“意”和客观的“境”融合为一体的完美构思。服饰纹样中体现了彝族热情奔放的性格和热爱生活以及对美好事物的执著追求的心理意象，是他们审美心理的直观反映和呈现。

二、纹样工艺

彝族女子擅长各种纹样缝绣工艺，她们从十四五岁开始，便在母亲或姐姐的指导下学习纺织和缝绣技艺，无论走到哪里，都随身携带着“针线活”，利用劳动之余的一切闲暇，把她们的聪明才智、勤劳善良都在缝绣纹样的过程中展现出来。

凉山彝族传统服饰从纺线织布到各种饰花工艺完全靠双手来完成，喜在上衣的领、襟边、袖臂、项背、底摆等部位以各种手法饰花。概括起来主要有剪贴绣、盘绣、镂空补绣、滚边绣、镶嵌绣、刺绣（每种工艺的具体方法步骤分别在各章作详细的介绍）等缝绣工艺。

纹样的缝绣方法、工艺都不是孤立存在的，在一件服装上需综合运用多种技法，但一般情况下以1~2种技法为主。三大方言区选择的缝绣工艺存同求异。例如“依诺”方言区的昭觉青年女装多用剪贴绣、滚边绣、镶嵌绣等，工艺手法多样，风格粗犷、古朴艳丽。而同是“依诺”方言区的美姑则喜好以彩线盘绣为主，工艺精致、细腻。“所地”方言区的布拖女装则较多以拼贴、镶嵌花边作点缀装饰，疏密相间，风格秀丽、古朴典雅。“圣扎”方言区的越西女装和男装都以斜布条盘绣工艺为主，针法细密，整齐均匀，精巧耐看，盘绣出的纹样有一定的立体感，工艺十分精湛。

第六章
民俗生活中的彝族服饰

生活在凉山各地区的彝族人民，在漫长的历史发展过程中，创造并形成了大同小异的服饰习俗，在民俗文化构成中占有重要地位。凉山彝族服饰与他们的历史、宗教、婚姻、丧葬、农事、节日庆典的关系极为密切，无一不反映出凉山彝族古老灿烂、丰富而博大的文化内涵。

第一节　节日礼俗服饰

节日庆典是一个民族的历史、风俗、宗教和社会生活特征的集中反映，它包括了政治、经济、文化等方面的内容。节日礼俗的文化内涵十分丰富，既是一种民俗文化要素，也是重要的文化现象。而民俗文化各要素，如一定时期的服饰、民居建筑、饮食、岁时节令、婚丧礼俗等，构成了一个地区的节日礼俗文化内容。服饰是节日礼俗活动的重要载体和表现形式之一。

由于现代社会经济的发展，生活观念的改变和交通信息的便利，使凉山许多彝族地区传统的生活方式被逐渐地“汉化”，年轻人平常一般不穿本民族服装，但在他们的传统节日、人生礼仪（如成人礼、婚礼、葬礼等）仪式中还原滋原味地保留着彝族古老的风俗及着装形式。在这些时刻，彝族无论男女老幼一定要穿戴上本民族最隆重华丽的传统的服饰，这既是作为一个彝族人对自己民族身份的认同，也是对本民族祖先的追忆。彝族传统服饰已成为进入仪式语境最重要的道具。

凉山彝族是一个多节日的民族，常年沐浴在节日的欢乐之中。他们有几十个传统节日，很多节日的源起是由对祖先的祭祀、对英雄的纪念和对未来的祝颂等仪式演变而来的，有的节日是直接来源于生产、生活或爱情传说。一年四季除了一般的选美节、牧羊节、尝新节等，最盛大的节日就是“彝族年”和火把节。彝族年（彝语称“库什”）是凉山彝族传统的佳节，相当于汉族的春节。一般在秋收后的彝历兔月（农历十月）内，由当地懂历法的长者或“毕摩”推算、择日而定。按传统彝历，选择猴日和虎日最佳，忌猪日和龙日。凉山彝族为什么在每年公历 11 月过年呢？这是因为彝族的传统历法是“太阳历”。彝族先民根据日行、月转、星移来确定太阳回归日的季节，将一年分为10个月，每月36天。同时，又根据“沙聂”（北斗星）斗柄指上为大寒，指下为大暑的规律，以大寒、大暑为元日来反映季节变化指定节日。当星回标志“沙聂”指上时，就过火把节；而“沙聂”指下时，就到了过彝族年的时候了。

彝族谚语称:“苦什”（彝族年）是嘴巴的节日；“都则”（火把节）是眼睛的节日。而彝族年和火把节有一些民俗活动是相同的，但各有侧重点，相比火把节的娱乐项目更丰富，年轻人更喜欢过火把节。由于季节的原因，火把节服饰也更隆重和华丽。因此，本书仅以火把节为例，展示凉山彝族节日礼俗服饰之特色（图 6-1）。

火把节彝语称“都则”，为祭火之意。最初是彝族先民用火把来驱虫避邪、企盼丰收的民间习俗。在漫长的历史进程中，这种习俗逐步演变成今天的民间文化节日。彝族火把节历史悠久，自汉唐起，已沿袭了一千多年。有关火把节的起源、记载和传说甚多，内容丰富，各具特色。其中，较为普遍的传说是：相传天上的恩梯古兹（彝族神话中的天神）派喽啰到凡间危害众生和庄稼，人们在支格阿鲁（彝族神话中的英雄）率领下毫不畏惧，在农历六月二十四日这天用火把焚烧了害虫，战胜了天神，于是彝族人民把这天定为火把节，代代相传。

过火把节前，每家除要准备猪、牛、羊、鸡等美食外，还要赶制家人过节穿的服饰，姑娘要准备

图6-1　普格西洛火把节现场

头帕、彩衣及彩裙，有的姑娘要为自己的情人赶制衣裤、腰带或花包。小伙子们要为自己的情人购置银领扣、耳环或耳坠，甚至有的还专为情人擀制蓝色披毡，买黄布桐油伞等。

火把节历时三天，依照习俗，火把节当晚人们要在晚饭后用干蕨岌草举行点火仪式，然后全寨的人手持用干枯蒿杆扎成的火把到村头寨边的田野、山坡上耍火把，一时整个山寨火光跃动似火龙潜游。穿着传统盛装的彝族青年男女手拉着手围着篝火形成圆圈跳“锅庄”、“踏踼舞”，青年男女在篝火下相互弹唱，尽情歌舞，彻夜不息，趁此机会寻求自己心爱的对象。

节日期间，要举行各式的娱乐竞赛活动，传统项目有斗牛、赛马、斗羊、摔跤、斗鸡、爬杆、赛歌、选美、赛衣等。斗牛比赛中的优胜者和摔跤能手，往往成为姑娘们追求和爱慕的对象。

火把节民俗和节日服饰保持得最完整、最具特色的要数普格、布拖等地区，是火把节的发源之地，被誉为“火把节之乡”。

一、火把节前的梳妆准备

火把节当天一早，无论离火把场有多远，穿着传统彝族服装的人们都要成群结队赶往火把场，有车坐车，无车就跋山涉水步行前往。当到达火把场旁边的树林时，三五成群的姑娘、妇女们就开始节前的梳妆打扮，她们将长发精心梳编（图6-2）盘好，并化好妆，戴上帽子（图6-3），然后拿出镜子仔细检查妆容（图6-4），之后再穿上百褶裙，换上新球鞋（图6-5），一派繁忙情景。图6-6、图6-7就是在火把节前，母亲们给女儿戴头帕的场景。通过这种仪容和服饰的前期精心准备，足以说明她们对火把节的重视，同时这也是她们展示自己、展现彝族精美传统服饰的一个重要机会。

图6-2 姑娘们在到达火把场之前在树林中梳妆打扮的情形

图6-3 用镜子化好妆戴好帽子

图6-5 换上新鞋

图6-4 用镜子再看一下自己的如花美貌

图6-6 妈妈给女儿们换上新装，戴好帕子

图6-7 妈妈给女儿戴上帕子

二、火把场观众服饰

普格地区前来观看火把节的姑娘们，都穿自己最漂亮的传统服饰（图 6-8），但不用穿百褶裙、不佩戴豪华的银饰，只戴普通的帽子，比之参加选美的姑娘们的盛装服饰，观众服饰就显得简单一些（图 6-9）。

图6-8 山坡上观看比赛穿对襟背心的姑娘们

图6-9 观众席上着普格传统服饰的姑娘、小伙子们

三、火把节中的选美盛装

在火把节上参加选美的姑娘们盛装的特点是：头戴黑色的缀满银饰的帕子或圆盘帽（图6-10），身穿装饰有各种纹样的彝族传统长衫和半袖。其中，普格、布拖上装门襟钉有硕大的银纽扣（图6-11），胸前和后背挂满华丽的银饰（图6-12、图6-13），下着灵动的黑白或蓝、红百褶裙，头罩明亮的黄色伞盖，总之全套装束浓重而华丽。

图6-10　着盛装准备参加选美的姑娘们

图6-11　着普格全套盛装的姑娘们

图6-12　盛装华丽的胸饰和头饰

身着三大方言区盛装的彝族姑娘们，围着跑马场赛道缓慢地行走数周，以尽情地展示她们华美的服装（图6-14），然后排列成一行，听候宣布比赛名次，图6-15就是最终获选美冠军的姑娘们。

在火把节选美、斗牛、赛马等节目开始时，山坡上满是打黄伞的观众，在一片黄伞的海洋里，让人分不清是黄伞在云里还是云在黄伞里。黄色的运用在此得到最激情的张扬（图6-10），一定程度上，黄伞构成了普格、布拖一道特有的服饰色彩风景，黄伞现在已成为了普格、布拖女子经典的服饰符号。

图6-14　火把节着盛装的姑娘们

图6-13　背饰

图6-15　获选美冠军的姑娘们

第二节　人生礼俗服饰

人生礼俗是人生转折时刻具有重大意义的民间习俗，人们祈求在这个时刻能顺利通过并带来吉祥与幸福。凉山彝族有着丰富的民间习俗，如诞生礼、成年礼、婚礼、丧礼……服饰作为“通过仪式”的载体和表现形式将诞生礼的隆重、成年礼的喜悦、婚礼的热烈以及丧礼的悲怆表现得淋漓尽致。

一、成年礼服饰

成年礼是大多数少数民族都要举行的仪式，它意味着孩子童年的结束，成人生活的开始并将进入社会，他或她应该拥有成年人的权利，同时应该承担相应的社会责任，应该以新的身份在社会群体中扮演新的角色。从这个意义上来说，成年礼是将孩子从血亲那里引渡给社会，使其得到社会的承认。所以，为步入青春期的少年男女举行成年礼，是族人想通过举行一些特殊的仪式把他们接纳到社会中来，规范其行为，使之成为“合格的社会人”。

凉山彝族少女的成人礼服饰即是以改变少女的装束来表示她们已经成年，俗称“换裙”仪式，彝语称“沙拉洛”，意为脱去童年的裙子（图 6-16），换上成年的裙子。“换裙”仪式的时间是根据少女的发育情况而定，由于“换裙”是女子由童年到成年的标志，作为父母对此都非常重视，特别是母亲，她是女儿的贴心人，也最了解女儿的生理状况，一般选在 15 或 17 岁，多择单岁。因为在当地彝族人看来，双岁“换裙”会多灾多难，终生不吉利。至于“换裙”的具体日期，则要请老人好好测算，才能最后定下吉日佳期。在临近“换裙”仪式前，母亲就已为女儿准备好头上戴的绣花黑色头帕、新裙以及颜色各异的珠子和银领牌等服饰品。

按照当地俗规，举行“换裙”仪式时，不允许任何男子在场，只邀请女方姊妹和亲友参加。凉山彝族少女在“换裙”仪式之前，穿的是黑、白相间的童裙（图 6-16），梳独辫（图 6-17），耳挂穿耳

图6-16　换裙仪式前梳独辫着黑白裙的柳洪少女装

图6-17　换裙前少女梳独辫

凉山彝族服饰文化与工艺

图6-18　换裙仪式中给女孩分辫子

图6-19　戴头帕

图6-20　换裙子、捆腰带

线。“换裙”仪式因地区不同，各有千秋。比如有的地方是请一位成年女性坐在一果树下抽打一只小猪，待猪死后，将其在“换裙”少女的头上连续转几圈，以此来驱除邪恶。然后把童年时穿耳的旧线扯下换上银光闪闪的耳坠，将头发梳成双辫（图6-18），再戴上头帕（图6-19），换上新裙（图6-20）。而有的地方风俗则是：先假设一物如树木或磨子为夫方，然后把少女打扮成一位花枝招展的“假新娘”，由一位成年妇女背着，围绕假设之物走三圈，即算结婚。在仪式进行的过程中，有的地方由妇女们说些逗笑少女的风流话和祝愿词，有的地方则一直在歌声和笑声中进行。换裙仪式中少女们唱的一首歌也能反映其服饰的一些要件：要戴银牌要亲手系，要戴珠链要亲友串，要找知心人要亲自选。唱完、闹完之后，便请一位漂亮、能干、关系好的妇女给“换裙”者梳头，将原来梳在脑后的单辫从正中分开在耳后梳成双辫，交叉盘在头顶上，再戴上头帕，额前的刘海用少许水打湿向额头两边抹光，使之整齐发亮，以显示少女情窦初开、秀丽端庄之态，再挂上闪烁的银耳饰，更有含羞藏娇、妩媚动人的神态，最后换上黑、红、橙、绿相间，对比强烈的拖地长裙……（图6-21）。

“沙拉洛”仪式结束后，男人们才能参加欢宴。大家席地而坐，愉快地吃着砣砣肉、荞粑粑和青稞炒面，开怀畅饮，一醉方休。

而男孩在7～8岁时则要举行换裤仪式，裤子

图6-21　换裙仪式完成后的装扮

由母亲代穿，地点在火塘边。换裤前要在火塘边烧一块石头，将烧热的石头拿出浇上一瓢凉水，石头立即散发出蒸汽，这时将裤子在蒸汽上转一转，然后给男孩穿上，同时念祈祷语，仪式就算完成。

二、婚礼服饰

凉山彝族视婚礼为人生转折的一个大礼。新娘装是新娘在婚前用很长时间精心绣制的，其款式与彝族的节日盛装相似，但更为华丽夸张。有的地区的婚礼服饰能很集中地体现彝族先民的服饰特点，如美姑的新娘装为绣花长袍、半袖、百褶裙。一般日常女上衣为中长衫，而新娘装衣服长度要增加，这样使新娘装看起来显得雍容华贵、隆重、喜庆。同样结婚后，新娘服饰与婚前也大不相同，以服饰标志女人的婚姻状态，同时也可以此约束女人的行为。

许多民族都有其独特的婚礼服饰文化，大凉山腹地的美姑彝族新娘服饰就保留了较为浓厚的民族特点，体现出凉山彝族固有的服饰文化传统。其中，新娘装和新娘的盖头是最具特色和代表性的婚礼服饰之一，其中蕴含着丰富的文化内涵。下面以美姑新娘装和新娘盖头为例以窥凉山彝族婚礼服饰之一斑。

（一）美姑彝族新娘装

为了使婚礼显得喜庆和隆重，美姑新娘上衣一般为右衽中长袍，黑色的上衣沿门襟、袖臂、开衩的侧缝和底摆装饰有红色和橙色的漩涡纹、火廉纹等彝族传统纹样（图 6-22）。其中，柳洪等地区的新娘上装为长衫外加绣花半袖（图 6-23）。新娘穿衣的大致顺序是：先穿里面的长衫（图 6-24），接着穿绣花半袖，外披察尔瓦或披毡（图 6-25），然后缠上头巾（图 6-26），其上佩戴金银头饰（图 6-27），下着百褶裙。

图6-22　美姑新娘装是绣花长袍，彝族服装店卖的各式新娘装

图6-23 穿戴完毕的柳洪新娘装

图6-24 先穿新娘装里面的长衫

图6-25　再穿半袖外衣，披上披毡

图6-27　在头巾上戴上头饰

图6-26　缠头巾

另外，新娘也可以戴“瓦片”头帕（图 6-28），头帕上戴银斗笠，身披白色察尔瓦（图 6-29），背新娘时新娘要披盖头（图 6-30），按照凉山彝族民俗，新郎的兄弟们背新娘时，新娘只能侧坐在男子的背上（图 6-31）。

图6-28　戴头帕的柳洪新娘

图6-30　背新娘时新娘要披上盖头

图6-29　戴银斗笠披白色察尔瓦的美姑新娘

图6-31　背新娘的情形

（二）美姑彝族新娘盖头

1. 盖头的款式和制作工艺

美姑彝族新娘盖头整体呈直径 1.5 米左右的太阳形，是由三层不同花色、图案和工艺的同心圆构成。中心圆为直径约 30 厘米的大红色圆形，上绣蕨岌纹或其他彝族传统图案；中层圆是用数十条什色布条和花布条镶拼而成；最外层的圆再以什色布和花布剪成的三角形镶嵌成。此外，还在中心圆的一周、彩色布条间和外围每个三角形角尖上钉有铜铃铛（图 6-32）。

美姑彝族服饰工艺复杂讲究，新娘盖头自然如此，盖头工艺主要运用了贴花、镶嵌、滚边、环缝绣等方法。具体工序如下：

①盖头中心圆图案的制作，是以贴花的方式将剪好的蕨岌纹用糨糊平整地粘在圆形红布上，再以环缝绣的方式处理纹样的边缘。环缝绣是凉山彝族常用的一种处理图案毛边的缝制针法，即先将买来的丝线、棉线或膨体纱线用一种叫“纺专”的原始纺线工具将单股线捻紧，再将捻紧后的两股线捻合为一粗线，再用针穿上单股棉线沿纹样的边缘将捻紧的粗线和图案一块环缝在红布上，这样绣好后的图案即有一定的立体凹凸感。在此基础上，还要用黑色的 45 度斜布条沿中心圆边缘作滚边处理，更增强了图案的立体感和装饰美感。

②盖头中层是由从各家收集来的什色布和花布拼接镶嵌而成。先将布条剪成上窄下宽的扇形，按分布均匀的原则搭配色彩，然后拼缝成一个喇叭形；再将上端用拱针串穿抽紧，形成细褶，同时也使上端周长正好等于中心圆的周长。然后将其展开铺平，与中心圆缝合。

③拼接外层三角形。将什色布和花布剪成三角形依次沿盖头中层的外沿缝合。再用黑色的斜布条将三角形边缘滚边。

④最后在中心圆的边上、彩色布条间和三角形的尖上钉上铜铃铛，以单数居多。当新郎背新娘时铃铛会随着脚步叮咚作响，更增强了视听效果，增添了婚礼的喜庆氛围。

图 6-33、图 6-34 比较不同时代的新娘盖头的

图6-32　美姑新娘装、新娘盖头和婚礼场面

材质、色彩、款式和工艺，各有异同。

2. 盖头的图案创意和色彩

美姑彝族新娘盖头的中心圆上绣有的彝族传统图案，以蕨岌纹最为常见。蕨岌纹的设计灵感选取的是蕨岌草在初春时破土而出像婴儿的小拳头一样卷曲的嫩牙的形状，通过无数涡旋线、曲线、直线、折线交织相接，一枝一枝，环环相扣、相连，象征着生命的延续。嫩芽大多向一个方向卷曲，少部分逆向卷曲，曲直变化的线条疏密相间，构成一个圆形的适合纹样（图 6-35、图 6-36）。

图6-33　古时的麻料盖头

图6-34　现代的丝绸盖头

美姑彝族新娘盖头的色彩搭配也十分独特。汉族新娘的盖头是一块大红绸缎或红布，而美姑彝族盖头却是以红、黄、绿、黑、白、粉红等什色布及碎花布拼接而成，色彩分布匀称和谐，犹如美姑彝家姑娘的百褶裙，色彩缤纷绚丽，而且不避讳黑白二色。黑是因为彝族人尚黑，有以黑为美、为贵的习俗。而黑色必需搭配有白色色彩才亮丽、明快。美姑彝族新娘盖头这种放射状的图形，通过彩色条布的镶嵌组合表现出神圣而炫目的色彩力量，犹如光芒四射的孕育生命的太阳（图 6-32~ 图 6-34）。

3. 蕨岌纹样的文化意义

为何美姑彝族要采用春天刚发芽的蕨岌纹作为新娘盖头中心纹样呢？这是源于蕨岌草蕴含着深层的民俗和文化内涵。蕨岌是一种古老的植物，可以生长在荒滩上、岩缝间，无论酷暑严寒，且成片生长蔓延，有着非同一般的顽强生命力和繁殖能力。彝族人民从远古到现在，都与蕨岌草有着深厚的感情。在古汉语词典中，蕨为多年生草本，幼叶可食（图 6-37），根含淀粉，可供食用及酿造。灾荒年间，凉山彝族曾将蕨岌根磨成粉，制作成如甜荞

图6-35　盖头中心的蕨岌纹

图6-36　古时盖头中心的纹样

图6-37　蕨岌草嫩芽

粑一类的食物以充饥。现在彝族人一般用它铺垫牛羊圈、生火。再看看蕨岌在风俗中所承载的意义，在毕摩举行仪式之前，要用蕨岌草燃烧焚烟，才能够沟通神灵；同样彝族在火把节时也有用蕨岌草点燃火把的传统……蕨岌与彝族人共同生存在大山之中，代表了彝族人坚韧、顽强的精神。

彝族人将蕨岌纹形象化的用于新娘的盖头上主要取其生殖繁盛的象征意义。古彝书《作斋经》:“祭仪序层层，祖嗣如绵羊，妣裔如蕨子，祖裔大昌旺，同祖共一斋。”因此在凉山彝族蕨岌纹除了用在新娘的盖头上，还用于姑娘妇女的三角包、衣领上和儿童的鸡冠帽上等。

4. 盖头的民俗文化内涵

结婚是人生历程中的一大转折，对于凉山彝族的女性来说，尤其如此。盖头是婚嫁“通过仪式”的正式开始。在美姑，彝族新娘出嫁之日凌晨三四点钟就起来梳妆打扮。在姐妹们的帮助下穿好婚礼盛装服饰后，是由新娘的姐姐或已婚姐妹为其罩上新娘盖头。新娘用盖头盖住了自己的头部，遮住了自己的视线，和原来的家庭告别，和自己的父母告别，更重要的是和自己的女儿身份告别，她要蒙着盖头，走到一个使自己成为“妇”的家庭之中。彝族新娘是由新郎的兄弟们背到男方家，在路途中新娘盖头不能揭开，脚不能踏地，即使途中休息轮换时，也需用披毡垫到新娘脚下。而新娘到了男方家后，新娘盖头是由新郎的妹妹来揭开。

作为婚嫁仪式中新娘的盖头，是一种独有的服饰配件，有着丰富的符号象征意义。有学者从民俗学的角度来阐释说：新娘用红盖头蒙头脸，和新娘足不踏地一样，都是为了避煞，防止恶鬼凶神看到新娘的本来面目，学样加害于主人[1]。美姑彝族新娘用盖头也有避煞的用意。

美姑彝族盖头一般由母亲给女儿制作，更多的是由母亲传给女儿，有些彝族家族盖头是代代相传。在女儿多的人家，盖头可以大女儿婚礼用后，其他女儿出嫁时接着用。并且村子里只要有姑娘结婚都可以略送酒、肉等礼物向主人家借来用。而且需要特别说明的是，美姑彝族新娘盖头的布料是从邻里、亲戚、朋友家收集来的碎布头，就像民间吃百家饭，采集、凝聚百家生命之气，取贫贱好养、团结、和睦、多子多福之意。

每一个民族缔结婚姻的目的大都相同，而具体的形式却千差万别，呈现出各自独特的民俗事象。走进大凉山腹心地美姑，就会感受到一个古老民族独特的婚俗文化和由此派生出的别具一格的新娘服饰文化的艺术魅力。美姑彝族新娘盖头以独特的创意与造型设计体现出彝族妇女的勤劳智慧和丰富的想象力，她们在一幅盖头上寄寓了对生命、生活的理解。

三、丧葬服饰

在凉山彝族的民俗活动中，婚礼和丧礼相比较，更注重丧礼，可以说丧礼是人生最隆重而热烈的礼俗，因此丧礼服饰比婚礼服饰更隆重、齐全、华丽。

首先来看汉族与彝族不同的丧葬观念反应在丧葬服饰上的差异。

古代汉族丧礼主要包括丧、葬、祭三部分的内容。其中“丧”，是规定活人——即死者亲属在丧期内的行为规范；“葬”是规定死者的应享待遇；“祭”是规定丧期内活人与死者之间联系的中介仪式。这三者之间，“丧”是核心。

所谓“丧”，体现在服饰上就是丧服制度，这是丧礼的核心内容。丧服制起源于西周中晚期[2]，是在周礼“尊尊、亲亲、贤贤、男女有别”的基础上产生的。王国维认为：“一曰立子立嫡制，由是而生宗法及丧服之制……”[3]

汉族传统的丧服分为五等，俗称“五服”。五服，一般是指家族中按辈分在五代以内者。它应是本人—父—祖—曾祖—高祖，也就是指高祖以下的

❶ 汪玢玲.中国的婚姻史[M].上海：上海人民出版社，2001：233.

❷《左传•襄公十七年》载：“齐晏桓子卒。晏婴粗衰斩，宜绖、带、杖、菅屦，食赘，居倚庐，寝苫枕草。其老曰：‘非大夫之礼也。’曰：‘唯卿为大夫’”.

❸ 殷周制度论//观堂集林（卷十）[M].北京：中华书局，1984：472.

四代。在丧服中，以这种由近及远的血统关系而穿不同的丧服制度，称之为“五服制度”，具体形制简说有：斩衰、齐衰、大功、小功、缌麻。

五服制度的丧服是遵循亲亲、尊尊、长长、男女有别等封建礼制的基本原则而制定的。它要求死者的亲属要在亲人死亡之后的一段特定时间内，穿戴与平日有别的服饰，并根据丧服的质料（麻布的粗细、生熟）和穿丧服的时间长短，来体现血缘关系的亲与疏、尊与卑、男与女的差异。宗法的人伦关系和等级制度，在丧服这一特定的服饰符号中，得到了最集中、最鲜明的体现。五服以男子为中心，重父亲，强调嫡长子继承制，十分突出父亲和丈夫的至尊地位。

儒家历来认为丧事中应以哀为主。这种“哀”，是有一定的形式规矩和行为规范的。这些规矩和规范体现在容体、言语、饮食、衣服、居住等各方面。其中，在丧期内，要穿一种特制的粗麻布丧服，不仅要根据亲疏显示差别，而且要随丧期的推移逐步变化，直到最后恢复常服形态，以达到“哀”发于衣的表现和要求。

从政治文化意义上说，丧服服饰的复杂化反映了我国古代等级制度的严密性，这种严格与细致的等级性正是封建正统文化的特征之一。而在民间，一般百姓丧服的等级没有那么严格细致的划分，主要是依据与死者的血缘亲疏远近来穿丧服。现在在一些偏远地区，人们仍为故去的父母实行“披麻戴孝”。

同样，凉山彝族也非常注重丧礼，认为丧礼是人生重要的转换过程，即生与死、人与鬼、阳界与阴界的轮回。为悼念死者，要举行丧礼。《百夷传》载：父母亡……诸亲戚邻人，各持酒物于丧家，聚少年数百人，饮酒作乐歌舞达旦，谓之“娱死”。死者要着“寿衣”，其着衣方式与生时不同，如衣衽、裹腿的方向均向左，以示生死有别。

汉族丧礼服饰和彝族丧礼服饰最大的不同在于汉族强调丧服的等级划分，而彝族注重丧礼服饰的隆重、随意。彝族认为一个人只有活到四十岁以上，膝下有儿有女，就算是正常死亡，他的丧礼就可以办得喜庆。对生和死的理解也存有差异，汉族丧礼服饰突出的是对逝去亲人的哀伤，服饰只能穿黑、白色。而彝族认为亲人离去是生的解脱和另一种生命形态的开始，是“娱死”，故参加丧礼的人们可以像过节一样穿红戴绿，这是彝族人对死亡的一种浪漫、顺应自然生命状态的生死观。以下以凉山越西和昭觉彝族丧葬服饰为例具体说明。

（一）越西地区丧葬服饰——死亡欢乐“送”

凉山彝族自古历来实行的是火葬制，有“彝族人生离不开火，死也离不开火”之说。据《越西厅志·夷人志》载彝族人“焚于野，掷散其骸骨”。彝族认为死亡是人们告别此生走向另一个冥冥世界的分界线，是人的另一世界的开始，如何对待死者不但表现了对死者的尊重，而且也是对生命的尊重。故对丧葬礼俗十分重视，其程序也十分繁杂。

1. 丧礼的迎宾和来宾服饰

丧礼的迎宾服饰是整个丧礼程序中最隆重而热烈的。发丧后的第二天清晨，死者（老太太）的儿子、女儿和整个家族穿着彝族传统服饰在村口和丧家的大门前迎接前来参加丧礼的亲戚好友（图6-38、图

图6-38　村口着彝族服装迎接客人的妇女们

6-39)。古时前来参加丧礼的男子服饰多为武士打扮：头扎英雄结；身披牦牛尾毛编成的“衰衣”（象征铠甲）；斜挎白玉英雄带；手执宝剑，边唱边舞。而现在来参加丧礼的亲朋均着节日盛装，以表示对主人家的尊重和作为晚辈的孝顺（图6-40）。

2. 丧礼中的妇女盛装

彝族人为了表达“欢乐死亡”（娱死）生命观，来参加丧礼的亲朋好友要跳“锅庄舞”，舞蹈队是相邻的几个寨子的年轻姑娘和妇女们组成的，她们从头至脚着全套的彝族传统服饰：姑娘戴绣满红、绿、黄纹样的头帕、插各色绢花。妇女戴荷叶帽，头上挂银色和红色珠子，肩上佩戴红白“英雄带”，穿绣花背心和上衣，下着黑色长裤（图6-41）。妇女们快乐地跳着，观众愉快地欣赏着、谈笑着，男人们痛快地畅饮着白酒、啤酒……整个丧礼的过程是欢乐的、轻松的、愉悦的，如此通宵达旦（图6-41、图6-42）。

图6-39　着传统服装坐在村口迎客的老人

3. 火葬仪式中的服饰

火葬前按传统要请“毕摩”为死者念经、作祈祷仪式。其中，做仪式的“毕摩”全身着黑衣、缠黑头巾、披黑色察尔瓦，通身黑色（图6-43、图6-45）。躺在担架上的死者的“寿衣”（葬服）为：黑衣、黑头帕、黑枕头和蓝、黑百褶裙等全身新装（图6-44），显得庄重威严。随同陪伴的有火葬手、逝者的儿子、兄弟等男性。仪式完毕，就抬往不远的山坡上，那里已经架好了木柴，将逝者放在木柴堆上，上面再加放上一些柴火开始焚烧。随着滚滚的浓烟，衣服、肉身与火融为了一体，一切都在消逝，一切又在升腾（图6-46），这时陪同着火葬的男人们在一旁开始吃坨坨肉、米饭。

图6-40　戴帕子的来宾

图6-41　妇女们着盛装跳锅庄舞的情景

图6-42　参加丧礼着盛装的来宾愉快地吃着坨坨肉、米饭

图6-43　毕摩为死者念经、作祈祷仪式时全身穿黑衣

图6-44　死者穿的冷色调的葬服

图6-45　黑色察尔瓦是毕摩的主打服装

图6-46(a)　衣服、肉身与火融为了一体

图6-46(b) 陪同着火葬的男人们在一旁开始吃坨坨肉、米饭

（二）昭觉彝族丧葬枕头

凉山昭觉因保留了彝族较为古老的民俗与服饰文化，堪称凉山彝族服饰的缩影。其中，昭觉彝族丧葬枕头和枕头上的图案尤为特别，具有凉山彝族丧葬服饰的典型特征，是昭觉彝族人用艺术的想象力对生与死的诠释。

1. 枕头的制作工艺

昭觉彝族丧葬枕头是一个用湖蓝色棉布做的长方形口袋，是女人去世后火葬前枕用（彝族男人死后也用枕头，但枕头上不绣花，色彩为黑或蓝）。在正面的两端用黑色的布剪贴有类似动物又似怪异人物的图案，其间还穿插着富于生机的植物纹样，纹样的形象传达出怪异、狰狞、恐怖的意味（图 6-47）。沿图案的边，用粗的白尼龙线镶嵌（图 6-48）。

关于丧葬枕头图案的含义，当地彝族人说“为了好看”。图案的形象和剪制的方法，往往是通过代代相传的方式继承。图案剪制过程如下：

①将一块长方形的黑布做两次对折，第一次对折是为了剪出来的效果是一对纹样，而再次对叠则是因图案的上半部是对称的。然后用一个圆形硬纸板作辅助工具，放在黑布上段靠中线一边，用剪刀

图6-47 昭觉丧葬枕头是一个绣花口袋

图6-48 彝族妇女们随手剪制的枕头纹样

从布的折边一端剪出圆形的一大半［图 6-49(a)、图 6-49(b)］，拿掉圆形纸板，顺势往里螺旋旋转剪成一个旋涡纹样［图 6-49(c)］。

②再将布展开，在中间的下端部位放上一个稍大的圆形硬纸板作辅助工具［图 6-49(d)］，从旁边用剪刀戳穿双层布料剪出小半个圆，拿掉纸板顺势往里面螺旋剪到圆心［图 6-49(e)］。

③再重新将其对折，剪出图案的外轮廓［图 6-49(f)］。最后展开后调整大形［图 6-49(g)］，将旋涡纹中间剪出一些空白空间，使图和地的空间分布有主次。

剪成后的图案是由中间向四周呈发射状。图案顶部中间和侧边向上伸展出卷曲的植物形，底边中间和旁边向下伸展出卷曲的植物形。整个图形像一张奇异的鬼脸，图形线条向四周伸展、卷曲、犹如一个灵动的生命体，图案古灵精怪而奇异，很接近商周时期的饕餮纹，有鼻有眼，裂口巨眉，一副凶神恶煞的形象。疏密相间的线条，回环屈曲，盘旋缭绕，以一派神秘的恐怖气氛传达出一种死亡的阴森。图案四周镶的白色线条象征白云，它们通过凹凸旋转的线条，体现了一种无限的、不可言喻的原始宗教的情感、观念和理想，给人以犷厉的美。剪纹样时，一块布拿在彝族妇女手上，徒手剪来，造型生动，空间比例分布合理。展开后上半部的纹样是对称的，而下半部相异，在对称中寻求一种变化的美。而且每一次剪出的图案都有小的变化和随意性，每一个面孔性格千差万别，是一个新的生命。也许是她们剪得熟练了，这些形态各异的图形都装在她们的脑海里，可以得心应手地任意发挥，成为她们表达情感的特殊方式。

在枕头图案的制作工艺上，可能是因为给已故的人用，故缝制工艺比较粗糙，以她们的话是“好看就行”，具体的缝制方法和步骤是：

①将剪好的图案摊平，在枕头的左右两边摆好，图案比较大，中间需离开一点，否则头会遮挡住图案。

(a)从折边处开始剪，剪到图形的一半

(b)剪纹样的过程

(c)顺势旋转着向里剪

(d)展开放上圆形纸板

(e)顺势剪出中间的螺旋形

(f)再对折剪出外轮廓

(g)完成后的形态

图6-49　枕头纹样的剪制方法

②用手针将图案平整的串缝在底布上。

③沿图案的边缘用针将粗白尼龙线和图案缝在蓝色的枕头布上（图6-50），缝时可再适当调整图形，使黑色的图案和湖蓝色的底布之间的空间分布和谐（图6-51）。图案做完后，将枕头布料缝成筒状，待用时再装枕芯。

除了枕头面绣有丰富多彩、造型各异的图案以外，枕头里面装的填充物也是五花八门，就地取材，各见所能。可以装艾草、火草、苦荞壳、包谷皮或须、羊毛、棉花、破烂衣服等，根据各家的经济条件而定。枕头里面装多满也是以死者生前的喜好而定，喜欢睡高枕头的装多一点，反之装少一点。

2. 丧葬枕头图案和色彩的文化考察

对于同一个图案，每个彝族妇女的态度、观念是不一样的。笔者带上买来的“枕头”去了离昭觉县城2.5公里的“菩提村”，这是一个有370多户人家的彝族村落。在一位名叫沙玛乌姑的彝族妇女那里，笔者看到另一个绣好了图案的枕头套。枕头的色彩同样是湖蓝色的底布，黑色的图案边上镶嵌白色的粗尼龙线，图案也是放在枕头的两边，但图案的造型不一样。几经询问，得知枕头上的图案是她自己剪的，而让人深感意外的是这个枕头是沙玛乌姑为她自己做的。笔者对她这么年轻就会给自己做死后的东西深感不解，她的回答则是：“我都48岁了，有儿有女，自己给自己做死后的枕头是可以的。”她说这话时的表情轻松、开朗、愉快，一点都没有对死亡的恐惧（图6-52）。笔者在县城另一家服装店询问女店主会不会剪此图案时，她神情则是不悦而严肃，并解释说剪这类图案和卖这类东西不吉利，对自己和后人都不好。

3. 丧葬枕头的渊源和文化内涵

枕头在我国传统文化中有着重要的民俗意义。“《礼记》、《荀子》、《墨子》等中都记载了我国古代居父母之丧，子女要用土块做枕头，以表示深切的悲痛。❶”“枕块”，是因为死去的亲人埋在土中，枕土块，可以和亲人更接近，以表示深沉地哀思。

图6-50　沿图案的边缘将白尼龙线、图案缝在蓝色的布上

图6-51　缝完后用剪刀将多余的黑色图案布料剪掉

图6-52　昭觉彝族妇女给自己做的丧葬枕头套

❶ 李宏复．枕的风情—中国民间枕顶绣[M]．昆明：云南人民出版社，2005：23.

这是一种礼制的反映，即孝礼的规定。枕头在人生礼仪中也具有特殊的功能。新生儿过“百岁”要赠送老虎枕，新婚夫妻要枕“龙凤呈祥”、“鸳鸯戏鹤”枕…… 在东北地区满族人的葬礼上，有烧枕头的风俗，意为送走亲人。许多古代墓葬中，都随葬有枕头，有的是墓主人生前所用，有的是专给死者制作的枕头，如契丹贵族的木枕、鎏金银枕。现代的农村仍保留随葬枕头的习俗，一般做成银锭形，便于固定死者的头部，枕上装饰松、鹤、莲花、寿字等纹样，以此寄托对死去亲人的哀思。

彝族人有自己对死亡独特的解读，故而昭觉彝族丧葬用枕头也有其独特的文化内涵。凉山彝族火葬仪式中，陪伴死者到另一个世界去的除了全身穿戴的衣服就是枕头。事后笔者了解到昭觉彝族制作枕头的习俗是：女儿给母亲做，儿媳给婆婆做，也有自己给自己做的，也有到街上买做好了的。有些彝族家庭，老人还没过世，就把枕头买好了，放在家里，一旦老人过世，家人也不用着急，这也是一种孝心的体现。

彝族人葬礼中对枕头的需要首先是从实用和审美的角度来考虑：枕头用以固定死者的头部，使遗体在火葬之前保持仪态；图案在枕头的两边而不设计在中间，是因为“中间是头躺的位置，两边有图案才好看”（“好看”是凉山彝族人对美好事物最精炼的回答和理解）。而这个图案设计得如此狰狞怪诞，则有两层民俗含义：其一，是使得在阴间的鬼见了这个图案就会惧怕，死者的灵魂就会被这个神奇的图案保佑；其二，它是魂魄用的图案，带有在世之人对另一个世界的理解和想象。

昭觉彝族丧葬枕头的色彩一定是冷色系搭配，主要是黑、蓝、白三色，与葬服用色一致。昭觉彝族女人“寿衣”色彩主要以黑、白、蓝、绿为主，既有明度层次的对比变化，色调又和谐统一，她们认为冷色调才能让死者的灵魂安安静静的归去。寿衣和枕头都忌讳红、黄、紫等杂色，如用了这些颜色，则认为死者的魂魄会走错路，变成孤魂野鬼或妖魔鬼怪来危害家人和邻里。

在日常生活中，昭觉彝族对于枕头的使用、装饰和材质并不太注重，却花费这么多心意设计死后用的枕头，表现了彝族人对死去亲人的追忆，也是对生命的尊重，他们认为死亡是生命的另一种存在形态，是一种再生。虽然昭觉彝族寿衣和枕头的色彩必须用冷色，但其纹样造型的特异和蓝、白、黑色彩明度对比的搭配，构成了强烈的形式感。这么花哨的葬服设计，在其他民族的葬服中较少见，也是从另一侧面表现出彝族浪漫主义的生命观（图 6-53）。

图6-53 昭觉彝族妇女死后穿的丧服和丧葬枕头套

四、神秘的“苏尼”、“毕摩”服饰

尽管世界逐渐现代化，宗教却仍是各个民族文化中不可缺少的一个组成部分，不同的宗教信仰，影响人们对服饰的各种不同的审美趣味。服饰与图腾崇拜、自然崇拜、祖灵崇拜及其他原始信仰或原始宗教，如道教、佛教、伊斯兰教等都有或多或少的天人同构、神人一色的感应或对应关系。简言之，在原始民族以及某些文化形态较为古老的少数民族中，服饰作为特定时代或特定文化的产物之一，必然留下古老的文化心理印迹。古时人们”心目中的世界，一方面是现实的，可直观摹写的；另一方面又是虚幻的，只能靠直觉感悟，这一虚幻的神灵世界，几乎对应于他们生活的各个方面。为与神灵世界沟通信息，实现感应，服饰便被人们当作一种特殊的标志或象征物，行使着与咒符、祝词、巫图神话等类似的宗教或巫术的文化功能。

我国的民族服饰，在色彩斑斓中，也透出神秘的宗教色彩。在某些民族中，从事专职宗教活动的神职人员所穿的特殊服饰也带上了某些“职业”角色的色彩，如彝族的“毕摩”、“苏尼”服饰；藏、纳西等族的喇嘛、活佛服饰；达斡尔族、鄂伦春族、赫哲族的萨满服饰；傣族的和尚、佛爷服饰以及巫师、祭司服饰等，在他们的服饰上就出现了某些独特的标志和符号。

“苏尼”，是凉山彝族民间的巫师，男女都可以担当（图 6-54）。主要职能是进行宗教祭祀活动（图 6-55）。

图6-54　鼓是苏尼作仪式的常用道具

图6-55　街边正在作法事的苏尼

“毕摩”，是指彝族世袭的祭司和巫师，亦可译为念经师，是彝族本土宗教活动的主持者和继承者，只限于男子担任。作为彝族传统社会的知识群体，毕摩的社会文化职能具有双重性：既是宗教者，又是文化人。作为宗教职业者，毕摩的社会职能主要是祭仪、决占卜、主诅盟。他们主持的宗教仪式主要有安灵、送灵、禳灾、祓祟、祈福、求育、盟誓、神明裁判等（图 6-56），并通达主持彝族人日常生活的婚嫁、治病、节庆、丧葬、祭祀等风俗仪式。在漫长历史进程中，毕摩文化始终以彝族人信仰中的祖先崇拜为根本，立足于彝族自身的文化基石，建立起了一个已趋于完整的宗教思想体系，为彝族社会的各阶层所接受和认同，成为彝族传统社会的主体文化，并渗透到彝族社会生活的各个方面，影响十分深远。

凉山彝族“毕摩”在祭祀时必须穿法衣，是毕摩在宗教祭祀活动中的一种特殊打扮，其目的在于通过穿特殊的法衣以利于巫师与神灵进行有效的沟通（图 6-57）。

图6-56　毕摩通过穿特殊的法衣以利于在祭祀活动中与神灵进行有效的沟通

图6-57　每个毕摩手中持的器物都是带有宗教意义的法器

图6-58　黑毡笠帽、黑神扇、黑羊是高级别毕摩的装备，神扇柄上刻有虎、狼或鹰头等

随地域的不同，毕摩的法衣亦有差异，古时各地毕摩的法衣都有严格规定，以示对神灵的尊崇。凉山毕摩的法衣为：神毡笠、发式为“天菩萨”、黑或蓝色察尔瓦，黑衣、黑裤或蓝裤等。除法衣以外，毕摩做法的经书和法器（图6-57）也与服饰有很密切的联系，属同一个服饰配套系统。

神毡笠：系精致的外蒙黑、褐色毛毡的竹编斗笠，是毕摩法衣最主要的组合配件（图6-58）。

“天菩萨”：一种椎发，即束发为髻。这是原始社会后期的一种古老发式。《汉书·陆贾传》颜师古云：“椎髻者，一撮之髻，其形如椎”（图6-59）。

察尔瓦：是毕摩游走四方必备之物，它是毕摩的礼服、法衣，天寒时保暖，烈日下蔽阳，作法驱鬼时，察尔瓦又是很独特的道具。

图6-59　留“天菩萨”的苏尼

黑衣、黑裤：各地毕摩随各大方言区男子服装款式相同。

毕摩的法器：法器既是作法时用的道具，又可以看做是特殊的服饰配件。毕摩的法器包括经书、神铃、竹神扇（图 6-60）、神签筒、神签。同时还佩带一些避邪物，如野猪牙（图 6-61）、鹰爪（图 6-62）、鹰头和虎牙等（图 6-63）。

毕摩通过特异的服饰设计，从而达到与神灵通话的目的，毕摩服饰的标志和符号化特点，具有确定特殊身份角色的功能。

图6-61　毕摩胸前挂的野猪牙

图6-60　神扇由竹丝编制，圆形，漆成黑色。木柄贯于其中，柄上雕有虎、狼或鹰头等动物。主要在举办送灵仪式时作招神、驱鬼和诵经时翻阅指读经典时使用。神扇上沾满了牲畜的血，这样才有法力

图6-62　神签筒底部是鹰爪

图6-63　毕摩背的网兜里面装的是各种法器

第七章
纺·织·染

凉山彝族祖祖辈辈生活在大山里，羊不仅是他们的肉食美味，同时也是主要的擀毡和织布原料。他们养羊、剪毛、擀毡、纺线、排经线、织布、染色。总之，从羊毛到各类服饰制作的全过程都靠双手来完成，从而形成了一个服饰手工制作的原生态系统。

第一节　凉山彝族纺织工艺

无论何种服饰，制作的材料都是最基础的物质载体，如果离开了材料这个载体，任何服饰的图案、配饰、工艺等都无从谈起。从服饰质料上反映出来的服装发展历程来看，人类的进化史，是以采集与渔猎并重，又以渔猎为主发展到培育和种植棉、麻等植物，从而进入农耕时代。人类最早的衣服，可能是从最容易获取的自然资源——原生形态的树叶、草类作为最早的服装材料，如凉山各地的一些高山地区，现仍然在穿用先祖留存下来的草鞋、蓑衣、斗笠等，这些有可能就是彝族最早的服饰品，其与西方画家所画的人类始祖亚当和夏娃就是以树叶遮掩身体的情形如出一辙。

随着生产的进步，人们学会从大自然中获取动物皮毛以满足其衣着生存的需求，如生活在寒冷地域的原始人以动物的毛皮包裹身体，以达到御寒防身之功用。而在温带与热带地域，人们出于防身、装饰、护符、象征等目的将一些植物的韧皮、叶子、藤条等细长的线状材料经过编织或串联等简单加工，围挂于身体的各部位。这种对线材的利用和开发，成为纺织材料及工艺发明的先导。对于凉山彝族，他们的羊皮褂和羊皮披衣，就是利用整张羊皮经简单加工做成的。

服饰作为一种物质形态，依托于一定的物质材料。而物质材料的发展水平和品质决定着服饰品在质感、款式、色彩及工艺精细程度上的品质和风格。凉山彝族服饰表现形式和风格的多样化，与保存完好的传统纺织技术和手工艺密切相关。凉山彝族传统衣料以自擀、自纺、自织、自染的毛、麻织物为主，犹以羊毛面料为上。毛料保暖，麻料可散热，以适应高寒山区多变复杂的气候，亦经久耐用。所以在凉山彝族日常服饰中少见丝、绸、缎这样的细软面料，而是用天然、本色、厚重、粗犷的羊毛为主，从而使服饰风格拥有质朴、古老而博大的美。

凉山彝族最早的服装面料是用火草叶背面的纤维捻线后织成的“火草布”，将其做成火草衣，火草包。随着纺纱技术的发明与进步，使人类利用天然短纤维成为可能。然后才是各类麻、毛等长纤维的纺织。现在凉山彝族原生态服饰面料沿用得最多的是手工擀毡制作的羊毛披毡和用“纺专”捻线后，用“腰机”织成的羊毛平纹和斜纹布。这种纺织手工艺的出现，使人们能以自己的劳动创造合乎穿着功能的衣料，缝制适合人体的成形服装，这是服装从发祥期演变到繁荣期的一个飞跃。

一、火草布

火草遍及彝乡，叶子纤维坚韧，古人击石取火，以火草引燃，故名火草。

火草是多年生草本植物，生长在高山树荫和灌木丛中。每株火草长有3~5片长约15厘米的叶子，叶片背阴的一面有一层白色的韧皮纤维，用手小心地撕下，就是一根细长而有韧性的纤维线。彝族人采集火草回家后，撕下一根根叶背上的白色纤维，用手指搓捻成线，以“腰机”织成布，最后缝制成无领无袖类似坎肩的火草褂。火草布作为古代主要衣料，因其经久耐用，保温防湿性能好，至今仍为人们所喜爱。一件火草褂往往要经过几年，甚至几十年长期的日积月累，付出巨大的劳动才能完成，每一件火草褂都凝聚着彝族人的耐心、毅力、勤劳和智慧，也表现出了他们追求美好生活锲而不舍的精神。

二、擀毡

彝语称“沙且”。擀制毛毡是彝族传统手工艺之一，主要用于制作披毡、毡衣、毡袜、毡帽等，它是抵御风寒的重要服饰品。另外，羊毛毡是彝族人不可或缺的生活用品，在他们的居家生活中，床上铺垫的是羊毛毡，身上盖的被褥也都是羊毛毡（图7-1）。

图7-1　披羊毛披毡的美姑柳洪少女

用于纺织布料的纤维主要有植物纤维和动物纤维两大类，动物纤维是从养殖的动物中获取的纤维，有动物的毛发（羊毛、羊绒等）和腺分泌物（蚕丝）两大类。绵羊毛是凉山彝族纺织衣料的重要原料，它具有许多优良的特性，如弹性好、吸湿性强、保暖性好、不易沾污、光泽柔和等，这些性能使毛织物和毛类服装具有较强的实用和审美功能，是冬季制作内外衣的最佳材料。

（一）绵羊毛的前期加工顺序和方法

1. 剪毛

最初是将绵羊身上自然脱落的毛收集起来，继而发展到在绵羊身上剪羊毛。

大凉山因地处高寒山区，故多养绵羊，毛色有白、黑、褐、灰，每年在4月、8月、10月剪毛3次。凉山因气候较冷4月才能开春，经过一个冬天的饲养，春天的羊毛厚而软，故4月的羊毛较好；经过春夏优质草料的放养，8月剪的羊毛质优；而10月剪的羊毛品质较差。

2. 分毛

羊毛的分类方法很多。按羊毛的细度和长度可分为细毛、半细毛、粗毛和长、短毛；按纤维的组织结构可分为细绒毛、粗绒毛、粗毛、发毛、两型毛和死毛等；按羊毛的品种可分为国内的土种毛、改良毛和国外的美利奴毛、林肯毛等。其中，以澳洲美利奴羊毛的品质为最好，其纤维细而均匀，毛丛长而整齐，卷曲正常，强度高，弹性好，光泽好，色洁白，杂质少，油汗多。凉山有本地的土种绵羊和引进的绵羊，而现在用于擀制披毡和织“察尔瓦”的羊毛，则是以引进的绵羊羊毛为主。

图7-2所示为分毛现场，一般绵羊腹部的毛是最好的，毛细、软而柔和，但毛丝较短，用手工捻纺成线较困难，多用于制作羊毛被；绵羊臀部、背部、颈部里层的毛较长而软且硬度适中，较适合手工捻线、织布，而外层脏、差的毛可加工成床上用的羊毛垫絮。

图7-2　分毛的现场

图7-3　清洗羊毛

图7-4　晒毛

图7-5　电疏毛机

3. 净毛

剪毛完毕后，将羊毛去除油脂和杂质的过程称为净毛。方法是：将绵羊毛用开水加洗衣粉、洗洁精、消毒液洗净，然后摊晒干（图 7-3、图 7-4）。

4. 疏毛（开松）

现在一般是将洗净的羊毛送到羊毛加工处弹拉或用疏毛机疏松成一条一条的羊毛絮，加工费大约是每市斤[1] 1 元（图 7-5、图 7-6）。

图7-6　疏毛机的内部结构

（二）擀毡的工具

凉山彝族擀毡的工具有弓、弦、细竹帘、粗竹席、水桶（图 7-7）、盆、刷子、专用夹板等。

用来弹松羊毛的弓和弦都是用竹子制作的，弦用细竹丝做成（图 7-8、图 7-9）；细竹帘是用来卷裹挤压羊毛的，粗竹席是揉毡时用来垫毛毡的。

（三）擀制羊毛披毡的方法与步骤

1. 弹毛

将 4 市斤左右疏松好的绵羊毛堆放在竹帘中间，左手持弓，右手拨弄竹弦使之碰撞产生震动击于羊毛上，将毛弹成松散的絮状（图 7-10）。

2. 铺帘子

一边弹一边用弓弦将弹好的羊毛均匀地平铺在竹帘上（7-11）。披毡的用料大小、长宽依据披毡的款式而定。另外铺一条约为 15 厘米宽的羊毛，用于制作察尔瓦的衣领。

3. 洒水

用水桶盛上加入洗衣粉的凉水，左手用盆舀满水，右手持一把竹刷，将水均匀地洒于铺好的羊毛上（图 7-12）。

图7-7　用于喷洒毛毡的洗衣粉水

[1] 1市斤=500g

图7-8　弹羊毛的弓

图7-9　弓和弦的局部

图7-10　弹毛

图7-11　铺帘子

图7-12　洒水

4. 卷帘子、滚帘子

将竹帘和铺于其上的羊毛一起卷起，边卷，边压，边洒水，使帘子内的散羊毛因挤压而成为毛坯。卷完一遍后（图 7-13），从竹帘的另一头开始卷（图 7-14），反复卷压三遍（图 7-15）。

5. 折茬、做衣领

将毛坯在竹帘上完全展开，底边折回 30 厘米左右，使察尔瓦的底摆整齐而厚重（图 7-16）。将压好的羊毛条卷成卷（图 7-17）用刀切成 3 厘米左右宽的条（图 7-18），放在上方衣领处和下端（图 7-19），这样会有一条突起而美观的线条。折转上部，再次反复卷压三个来回，使这些部位紧贴。

6. 洗毡坯

将帘子展开，从毛毡两头各用一根竹竿卷成卷，抬到水中反复将毛毡中的脏物和洗衣粉冲洗干净，立起来，将水滤干。

7. 穿领孔、揉毡

揉毡的方法是：换上一张硬而粗的竹席铺在地上，取掉一边的竹竿，只用一根竹竿将毛毡卷成筒，边卷、边揉、边将毡片拉成上窄下宽的扇

图7-13　卷第一遍

图7-14　两头一块卷

图7-15　反复卷压

图7-16　折底边

图7-17　卷成卷

图7-18　切成窄条

图7-19　左边是披毡的领口，右边是底部

形（图 7-20），好与披衣的形状接近，如此反复搓揉约五次（图 7-21）。

羊毛具有特殊的鳞片结构，在湿热作用下，经机械外力反复挤压，使纤维集合体逐渐收缩紧密，并相互穿插纠缠，交编毡化，这一现象称为羊毛的缩绒性。揉毡正是利用羊毛的这种特性，对毛毡进行缩绒整理，使毡坯长度收缩，厚度和紧度增强，表面露出一层绒毛，手感丰厚柔软，保暖性增强。

图7-20　在昭觉毡匠用浇花的塑料壶来洒水、揉毡，很是方便。此图擀制的是单层无褶裥的小型披毡

图7-21　用脚揉毡比较省力

利用羊毛的缩绒性，把松散的短纤维结合成具有一定机械强度、一定形状、一定密度的毛毡片，称为毡合。凉山披毡、毡衣、毡帽、毡袜等就是通过绵羊毛的毡合作用制成的。

羊毛纤维的吸湿性非常好，仅次于羊绒，水蒸气能顺着表皮细微角质层渗入，但由于纤维的针状形态及表面重叠的鳞片而使水滴不易渗透毡物中，故又有一定的防水性能。

用一根竹签从领孔中间穿过，然后搓一根羊毛绳从其间穿过，抽紧（图 7-22）。一边反复揉搓，将粗毛搓出（图 7-23），使毛毡变软，一边将下摆拉展开，使其成扇形。

8. 折褶裥、上夹板

黑色或深蓝色披毡是擀制完毡片后，先染色再压褶；如果用毡片原色，则直接折褶裥。

从一边开始在下摆处折一个宽约 6 厘米的大

图7-22　穿领孔

图7-23　将粗毛揉出

褶，衣领处错开折一个小褶（图 7-24），一件披毡一般需折 30~90 个褶，每个褶的大小要均匀、整齐。接着上夹板（图 7-25），冲洗，捆紧（图 7-26 、图 7-27），晾挂（图 7-28、图 7-29）。

图7-24　边折边洒水

图7-25　上夹板，衣领处褶比较窄不用夹

图7-26　用力捆紧

图7-27　将底部拴上，悬挂用

图7-28　褶皱宽窄很是均匀

图7-29　倒挂晾晒

9. 晒毡

在阳光下将毛毡晾晒20天左右（图7-30），干透后如果是双层披毡将其对折（图7-31），即可直接穿用。

（四）用擀毡工艺制成的服饰品

用擀毡工艺制成的服饰品有很多，如披毡（图7-31、毡坎肩（图7-32）、毡背心（图7-33、图7-34）、毡帽、毡袜等。

图7-30　晒毡

图7-31　穿在身上的披毡折痕清晰，此图为双层披毡

图7-32　布拖街头卖的毡坎肩

凉山彝族使用和制作毡制品，在古代文献里多有记载。如《后汉书》卷八十六《南蛮西南夷传》："哀牢夷知染采文绣蜀。"据多数学者考证及彝文家支谱系的记载，"哀劳夷"就是彝族古代先民。

图7-33　毡背心

图7-34　背心后面效果

《册府元龟》、《五代会要》、《旧五代史》均记述："其俗椎髻跣足，首领披虎皮，下者披毡。"

从目前已知的资料看，披毡最早见于古代文献是汉代，到了唐宋时期工艺技术已臻完善成熟。总之，凉山彝族人的制毡工艺具有悠久的历史，它的发生和发展，都与他们的衣着习俗和生存需求紧密相连。

制毡劳作主要由男人承担，是彝族人的家庭副业，首先满足自己，再出售或交换多余制品。工艺技术的传授主要是家庭内部的父传子继，兄教弟学。现在也有专靠制毡手艺为生的专职制毡匠人。做一件大的双层披毡手工费约35~70元。

三、绩与纺

古代的纺织技术是从手工搓合、绩辑逐渐发展过来的，这个过程是一个技术和艺术由简单到复杂的演变过程。搓合技术最早可能是用于搓绳，搓合的过程也是形式感产生的过程，如能熟练地掌握搓合这一动作的规范性，其产品就可以达到相当均匀的程度，产生出麻花状的螺旋线造型。绩与劈相联系，绩是将松散的细条捻和在一起，劈是将韧皮等处理成细条。这个过程实际上是一个构成和打散的过程，不断反复的绩与劈在一定程度上刺激了原始人造型观念的形成。其中搓和绩完全靠双手完成，纺则开始利用工具纺轮（图7-35）。

图7-35　湖北天门石家河遗址出土彩绘纺轮（属屈家岭文化）

纺坠的出现，大概是在上述搓转和捻合的基础上，为了提高效率而逐渐产生的。纺坠是利用其本身的自重和连续旋转运动的工具（图 7-36）。但是技术的过程对于艺术形式的产生却有着不可低估的潜在影响，这种旋转和许多动态一样，促使人类明确了装饰形式与节奏旋律的关系，使人们产生许多美好的联想。

（一）羊毛纱线的概念

纱线一般可定义为：由纤维或长丝集合体所组成的，具有类似纺织品特性（指有好的断裂强度和高的柔曲性能）的连续纤维束。其中，纱是由短纤维沿轴向排列并经加捻而成。线是用两股以上的单纱并合加捻而成的产品，其用途主要是制线、织布、编织或刺绣等。

因纤维的长度、种类不同，其纱线的制造方法、性能、用途也不尽相同。例如，短纤维需经过纤维松解（开松、梳理）和集合（牵伸、加捻）等纺纱工艺才能制成所需的纱线。

（二）纱线的加捻原理

纱线的加捻是指固定羊毛纤维的一端，而另一端进行旋转的加工过程，（图 7-37）是转锭纺纱。转锭是在搓转与捻和的基础上，为了提高效率，而逐渐出现的一种纺纱方法，较“纺专”工具出现得要早。加捻不仅能增强纤维间的抱合力，从而使纤维线形成具有一定强度的连续纱线体，而且常用来增强纱线的强度或形成各种形态与性能的捻线和花式线型。所以，加捻是纱线工艺中必不可少的工序，而纱线的加捻工艺设计对衣料的外观风格和内在性能都有很大的影响。

（三）凉山绩与纺的工具（纺专）

凉山彝族纺线用的工具彝语称“布伍勒帕”，是一种我们的祖先在新石器时代就使用的“纺专”，又称“专盘”（有些地区称纺锤）。专盘在古代是由陶

图7-36　凉山彝族的纺专是用木头制作的专盘和用竹子制作的专杆

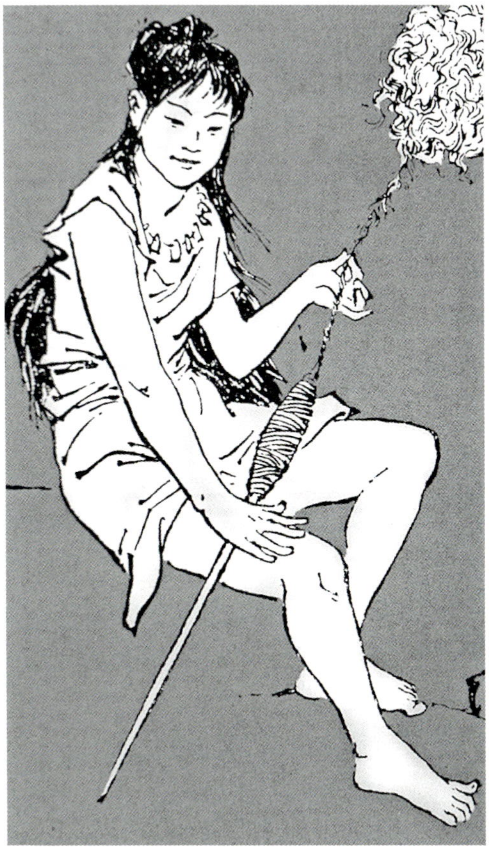

图7-37　转锭纺纱

质或石质制作的圆盘，而凉山专盘是用木头制成，直径 4 厘米左右，厚约 0.5 厘米，中间有一个孔，插一根竹竿，叫“专杆”，也称“纺柄”，专杆全长约 20 厘米，专盘的上部约 13 厘米，上端有个钩，用于钩线，下部柄约 7 厘米（图 7-38、图 7-39）。

（四）凉山彝族羊毛纱线的加工方法

1. 捻线

先把要纺的羊毛纤维捻一段缠在专杆上半段的中间位置，之后挂于专杆的钩上，垂下，左手提杆，右手用拇指和中指向左或向右搓转专杆，同时左手不断地拉伸并添加纤维，就可促使纤维牵伸和加捻（图 7-40）。待纺到一定长度，把已纺的纱线从钩上取下缠绕到专杆上。然后重复再纺，一直到纺专上绕满纱线为止。

这种纺纱方法是很原始的手工劳动，产量较低而速度缓慢，捻度也不易均匀，但在凉山，在纺线速度快的纺车和较慢的纺专工具中（图 7-41），妇女们却喜欢用纺专，其原因是因为纺专携带起来方便，姑娘、妇女们劳作之余把“纺专”随意插在头上，兜里揣上一些羊毛，在村口闲聊或做小生意时她们手里都随意地纺着线，既休闲，又有“收获”。总之，“纺专”这种手工纺线劳作，使她们的劳动变得简单、轻松、愉快。纺专使彝族妇女的手在与自然纤维的亲密接触中，似乎更有原始性和艺术性。捻线的全过程是一种手的劳作与心灵的交流，使捻线这种手工劳动趣味盎然。

图7-38　铁制专杆用于合线

图7-39　纺专携带方便

图7-40　昭觉菩提村村口纺线绣花的彝族妇女

图7-41 美姑柳洪大山深处古老的纺车与着彝族传统服装的少女

2. 合线

用“纺专”捻出来的单股羊毛线较细，力度和坚韧度不够，无法用于腰机织布。故必须将两股线合成一股，这个过程叫合线。

合线用的工具与纺专大致相同，只是“专盘”中心的“专杆”是用铁签做成的，比纺专的专杆要长一些，在上端有个钩，下端呈螺旋状，以增强搓转时的摩擦力。

图 7-42 所示为合线的工艺流程。

3. 蒸线

将合好的线放入蒸锅蒸半小时左右，这样不仅可以防止线起绞、起毛，而且可以增强线的牢固度，织布时线不易断。将线团晒干，就可以用于织布了。

四、织

纺织纤维经过绩、纺之后，成为均匀细长的纱线，就可以用于织造了。织造技术是从编结、编织逐步演进而来的。人类在渔猎时代用于捕鱼、捕

(a) 先将双股线合绕成一股，将线头缠于专杆挂于专杆的钩上，右手用一个木块搓转有齿的纺柄

(b) 使其旋转，左手放线

(c) 使线绞合加捻

(d) 将合好的线从钩上取下缠绕在专杆上

(e) 再次将线挂于钩上……

(f) 如此反复

图7-42 合线的工艺流程

鸟使用的网罟就是一种编结，结绳记事也是一种编结，它和现代针织技术中的某些原理是一样的；而编织技术最早可能来自于人们运输或采集果物，甚至为了垫置物品等用途而制作的篮子、筐席之中，它体现了织物生产最基本的模式。编织与编结都是按照一定规范性的动作从事的一种持续性劳动，这种劳动最初可能比较简单，但随着技术复杂程度的提高，人们必须花费大量的时间，因此经、纬的交织关系就会深刻地支配着人的思维方式，直到现在我们仍然深受这种思维方式的影响。因为交织是通过经纬纱线叠压来完成，在编织过程中自然产生几何纹样，所有这个过程可以理解为图案形式分割再现的过程。

人们在编织过程中，发现原来的“手经指挂”将纱线一根一根地进行编速度太慢，编织物结构粗疏，而且织物的长度有限。于是聪明的古代劳动人民在实践中逐步创造出织布工具，先在单数和双数经纱之间穿入一根木棒，称为分绞棒，在棒的上下两层纱之间形成一个可以穿入纬纱的“织口”，再用一根棒像骨针引线那样，将纬纱穿过“织口”，这就成了织机上的杼子和梭，接着用骨匕或木棒制成的打纬刀，打紧纬纱。后来，人们还发明了多片综来控制经纱的提升，进一步提高织物生产的速度。这个过程中国人在进入文明时代之前就已经完成了。

原始织机有挂式（图 7-43）和平铺式两种，平铺式织机的两根轴用四根木桩固定于地面，也称地织机。还有一种是将经线的一端绕在木板上，用双脚顶住，另一端将织好的织物卷在木棒上，木棒的两端缚于织布人的腰间，故称为腰机，也称原始腰机（图 7-44），图 7-45 ~ 图 7-47 所示的海南黎族织锦腰机和腰机工具与凉山腰机很相似。

原始腰机的出现对于编织艺术来说，最重要的

图7-43　秘鲁出土公元前200年陶碗上的原始腰机及操作图

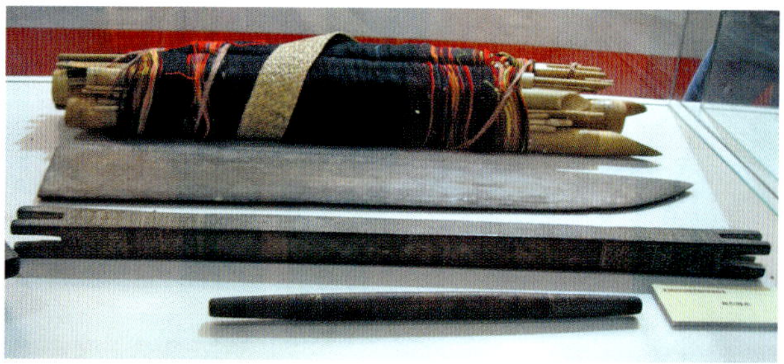

图7-45　海南黎族织锦腰机和腰机工具与凉山腰机很相似

图7-44　腰机织布示意图

图7-46　展开后的黎族腰机，左边是卷布轴与缚腰带

图7-47　卷布轴和缚腰带的捆法与凉山腰机相似

成就是使用了综杆、分经棍和打纬刀。综杆使需要吊起的经线能同时起落，纬纱一次引入，打纬刀把纬纱打紧，织造出紧密均匀的产品。在这个过程中，制作者引纬打纬的动作是有规律的重复运动，在形式上富于节奏感和美感。与此同时，织机不断开启和闭合的织口运动，加深了人们关于可起闭空间的概念，引纬打紧的准确稳定动作，使人们知道了如何产生规则的线条。

人类开始纺纱织布的时间大约是在 1 万年前的新石器时代。1854 年瑞士经历了一次严重的干旱，人们在干枯的湖底发现了人类最早使用的麻织物。到了公元前 5000 年左右，世界上几个主要的文明发祥地，都已经开始了纺纱织布的历史。

首先让我们来了解一些纺织术语。

经纬：机织物一般是由两组线纵横交织而成，其纵向的线称为经线（简称“经”）；横向的线称为纬线（简称“纬”）。

交织：经纬线交替沉浮的织造过程。经纬线纤维原料相异的织物称为“交织物”。

组织：指织物中的经纬线按一定规律相互交织时的沉浮情况。由于经纬交织沉浮不同，植物表面纹路、肌理效果也不同。平纹、缎纹、斜纹均为织物的组织名称。

（一）凉山彝族腰机

1. 基本原理和特点

技术可以从纺织工具上反映出来。凉山彝族腰机属于平铺式和挂式两者综合的结构。腰机，彝语称“依依迟”（图 7-48），大意是“织布的棍”或“织布的板”。凉山彝族“腰机”结构简单，没有机身、机架，而织布的人是“腰机”的一个主要组成部分，是人使织机的零散部件整合成了一部复杂的机器。使用腰机织布时，先将经线一端系于木桩上，另一端拉在卷布轴上，拴在腰上的腰带两端拉着腹前的卷布轴以绷紧经线的幅面。织布时织者必须席地而坐，两腿前伸放平。凉山腰机与内地织机最大的不同就在于没有完善的缯棍，也就是“筘”，要形成穿纬而过的织口，一要靠手提筘，二要靠打纬刀的辅助，投纬线时也不用杼，而是靠竖立起打纬刀将织口打开，让纬线穿过。每投过一条纬线，就用打纬刀将纬线打紧。总体来看凉山腰机构件比较简陋。但是它的魅力在于彝族腰机以人工所达之力，人体所触之距，人性所欲之美，作业于加工和建造织布对象，自然地体现出人的尺度。

2. “腰机”主要构件

（1）打纬木刀

打纬木刀也称打纬砍刀、纬刀。平纹织布用一

图7-48　凉山布拖腰机平纹织布

把，人字斜纹织布用两把，一把窄，为小纬刀（图7-49），刀面宽约6厘米，放在前面，一般不用于打纬。一把宽，为大纬刀（图7-50），刀面宽约12~15厘米，刀背厚1.2~1.5厘米。大纬刀竖立起来时用于打开织口，让纬纱投过，放平时用于打紧经线和纬线。

图7-49　小纬刀

图7-50　大纬刀

（2）箝

就是综杆，凉山腰机上的箝是用竹竿做成的（图7-51），也可以用木棍（图7-52），竹竿粗约1.5~2厘米，平纹一个箝。它的功能是将经线分成上下两层，箝从上层经丝上面用线垂直穿过上层经纱，把下层经纱一根根牵吊起来，这样用手将箝提起便可使上下层位置对调，形成新的织口，众多上下层经纱均牵系于一综，“综合”一词便是此意。

图7-51　凉山腰机的箝，头上的线用来防止经线滑落

图7-52　海南黎族织锦腰机上的箝和送经棍

（3）分经棒（滚筒）

分经棒也叫分经棍（图7-53），最好用杂木制作，杂木木质密实有重量，才能压得住经线。滚筒直径约8厘米（过细则不能更好地将上下经线分离开）。通过分经棍把经丝分成上下两层，形成一个自然的梭口。

图7-53　分经棒（滚筒）

（4）送经棍

送经轴是与箝一样粗的竹竿或木棍。经线以一定的排列方式经过它然后才能编箝（图7-54）。

图7-54　送经棍

（5）卷布轴

卷布轴是拉在布的头端，两头带叉，织布时将缚腰带的两头各捆挂于叉口上（图7-55）。

图7-55　卷布轴

（6）缚腰带

缚腰带是挂在卷布轴的两端，中间缚在织造者腰上的一条腰带（图7-56），中间宽约4厘米，长为腰围的二分之一多一些，两头缝上坚实的绳线圈，挂捆于卷布轴的叉上。

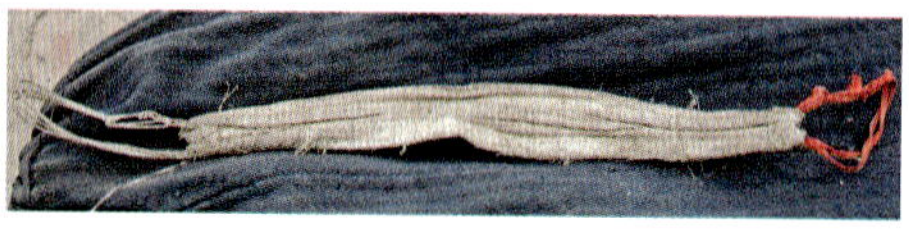
图7-56　缚腰带

（二）织布工艺

1. 腰机平纹织布

凉山腰机织布的种类主要有平纹织布（彝语“依体”）（图7-57）和人字斜纹织布（彝语“衣诺”）两种，平纹布主要用于制作妇女的百褶裙，人字斜纹布主要用于制作“察尔瓦”披风。

平纹组织：经线和纬线一隔一地相互沉浮所形成织物结构形式（图7-58）。

平纹织布的工具主要有：分经棒、卷布轴、大打纬木刀、箝、送经轴各一个（图7-59）。

彝族的纺织劳作在家庭中一般由妇女来承担（图7-60）。要把羊毛加工成布料，必须经过一系列的工序，腰机平纹织布的具体方法和步骤如下：

（1）排经线（又称“倒筒”）

排经线所需工具有：在凉山彝族乡村，比较原始简单的排线工具是用2厘米粗的竹竿或木棍5根，插于泥土中来排经线。

在昭觉织察尔瓦已经是一项产业，他们就发明了一种排经线用的工具，用宽约5~6厘米，厚约4厘米的木方做成一个长约2米，宽约1米的长方形的木框，框架上分布有一些孔，用于插排经线的竹竿，使用时可依据经线的长短来插竹竿（图7-61）。

排经纱是织布结构的根本，它排列经线的多少和长短决定了布匹的宽窄和长短，一旦排定后就不能更改。经纱所用的羊毛线要求结实、牢固、品质高，否则容易断经纱。

下面以图片来演示排经线的方法、步骤：

将排经线竹竿从右至左以1~5顺序排列（图7-62）。

①将两股经线打结，套在1杆上，从1杆开始，两股线在1杆与2杆之间交叉后经过2杆，单线分别从外绕过3杆，两股一起绕过4杆，从前面绕过5

图7-57 腰机平纹织布

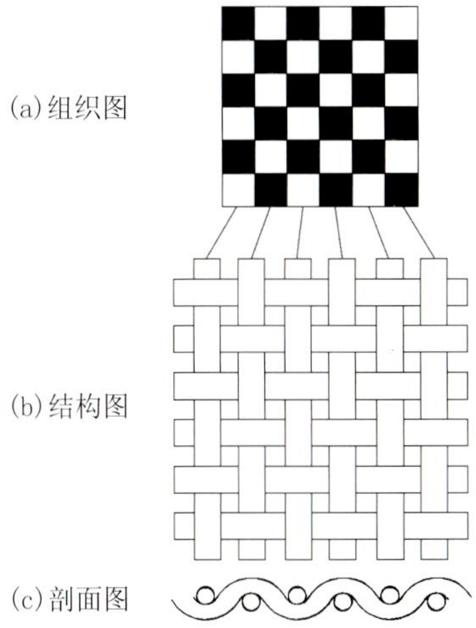

图7-58 平纹组织图

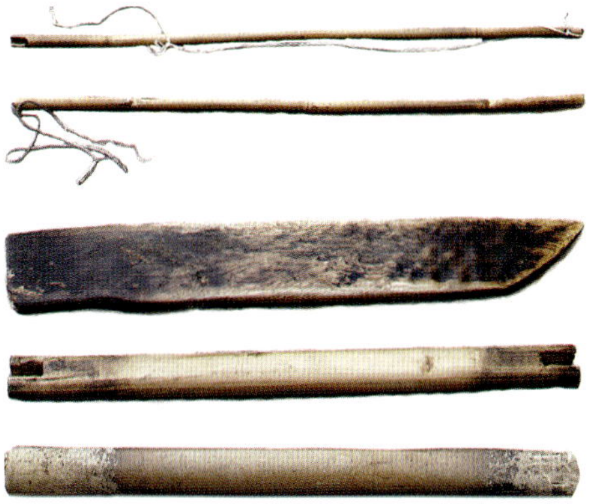

图7-59 平纹织布工具

图7-60 布拖用红黑“膨体纱”织成彩色百褶裙

杆（5 杆与 4 杆的线要顺），从 5 杆双股回到 4 杆。4 杆单股从前方绕过 3 杆 1 杆，从 1 交叉后经过 2 杆，由此往复，最后在 5 杆打结（图 7-63）。

②用线拴住 5 杆处［图 7-63(i)］，2 杆处放入

图7-61　昭觉排经线的工具

图7-62　插在泥土中的排经线竹竿按顺序从1~5排列，1是人面对的右边，4是左边

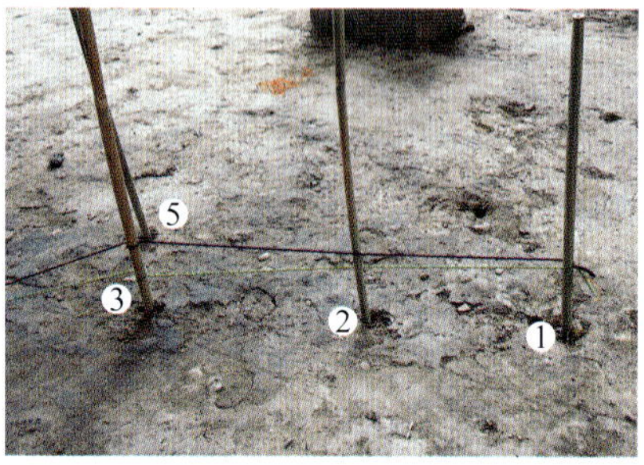

(a)从1杆开始，两股经线在1杆与2杆之间交叉后经过2杆，单线分别从外绕过3杆

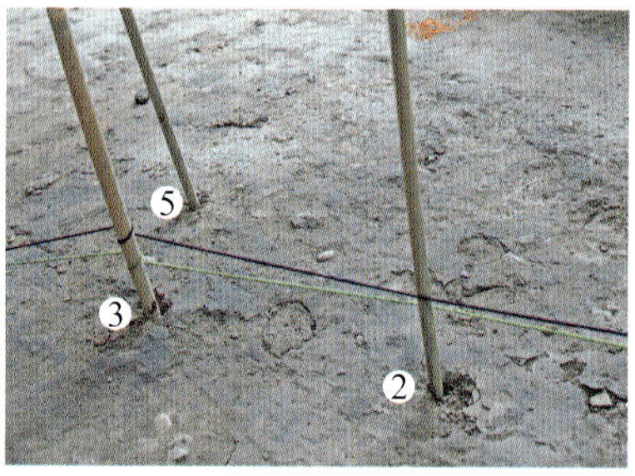

(b)局部

(c)从5杆倒回4杆

(d)从排经线人的左边拍摄

(e)如此反复的排经线

(f)从排经线人的左边看到的情况

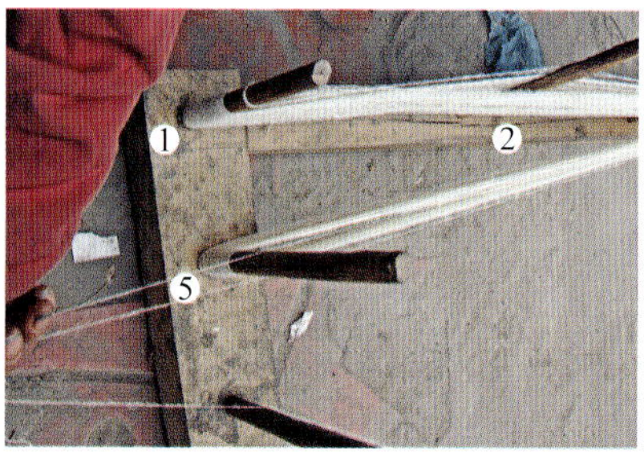

(g)从排线人的右边拍摄

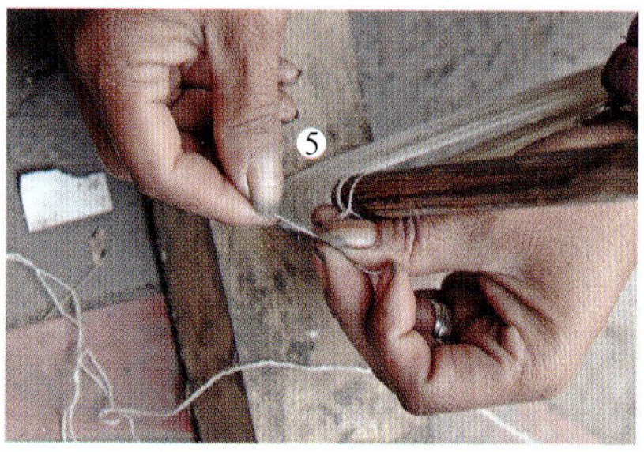

(h)最后在5杆处打结

(i)在1和2、2和3杆之间的经线用绳系扎以免搅混

图7-63　排经线的工艺流程

分经棒，1~2 杆之间放入纬刀，1 杆处拉在卷布轴上（图 7-64）。

（2）**编筘**

准备工作：将经线的一头拉在卷线轴上，另一头拴于木桩上，把卷布轴拉于织布人的腹前，用腰带紧系于腰，放好分经棒和纬刀（图 7-65）。

①用单股棉线穿过大刀处的上下经纬线，打一个线圈，套于食指和中指上［图 7-66(a)、(b)］。

②用棉线在上层经线单股挑线，一左一右放于左手的中指和食指上［图 7-66（c）］，拿完最后一根后，打一个圈结，套入手指中。注意，分经棒处是上下交叉拿线，不能跳［图 7-66（d）］。

③将筘从手指中的线孔中穿过，将竹竿两头拴好［图 7-66(e)、(f)］。

图7-64　此方位是人坐的位置

图7-65　用两种颜色线区别

(a)从织布者的右手方向拍摄的

(b)从织布者的方位拍的

(c)织布者的方位拿分经棒上层的一股线

(d)最后打一个圈挂在手指上

(e)与图(d)相同

(f)将筘从线圈中间穿过

图7-66　编筘工艺流程

（3）**织布**

①筘与分经棒一起滚压［图7-67(a)］，上下经线交换［图7-67(b)］，取打纬刀［图7-67(c)］、压分经棒、提筘［图7-67(d)］，将打纬刀穿入交叉后的上下经线［图7-67(e)］，打紧经线［图7-67(f)］，立起纬刀扩开织口［图7-67(g)］，引纬而过［图7-67(h)］，放平打纬刀，打紧纬线［图7-67(i)］。

②取纬刀压分经棒，左手提“筘”，上下经线交换［图7-68(a)］，纬刀穿过交换后的上下

(a)筘与分经棒一起滚压

(b)上下经线交替

(c)取打纬刀、压分经棒

(d)压分经棒、提筘

(e)纬刀穿入交叉后的上下经线

(f)打紧经线

(g)立起纬刀扩开织口

(h)引纬而过

(i)放平纬刀打紧纬线

图7-67 织布工艺流程之一

经线的织口［图 7-68(b)，打紧经线［图 7-68(c)，立起纬刀，投纬，放平纬刀打紧纬线。

③与第①步相同，如此方法循环织造。

2. 腰机斜纹织布

四千多年前，中国人就能织出具有简单几何图案的斜纹织品。在河南安阳殷墟大司空村发现的殷商王墓葬中，就有几何纹痕迹织品出现。

凉山腰机斜纹织布比平纹织布在工艺上要难许多，共有筘三个（比平纹多两个筘），织布方法也要复杂得多（图 7-69）。织物表面呈人字纹组织排列，布料较平纹布厚重，一般用于制作察尔瓦。

一件察尔瓦需用羊毛线 3.5~4 市斤，其中，经线需用 3~3.5 市斤，包括察尔瓦的吊穗等，纬线只需 0.5 市斤，纬线可以根据设计和需要变换毛线的颜色，也可以使用一些短的线头。

斜纹组织：经线和纬线的交织点在织物表面呈现一定角度的斜纹线的结构形式（图 7-70）。

斜纹织布的工具主要有：打纬木刀大小各一把，筘三个，其他与平纹织布相同（图 7-71）。

下面以系列图片来演示斜纹织布的方法、步骤。从右至左依 1~5 将排线杆编号。

（1）排经线

①经线有五根，先将两根经线打结，套在 1 杆上，从 1 杆起，两股线在 1 杆与 2 杆之间交叉后，

(a) 取纬刀压分经棒左手提“筘”，上下经线交替　(b) 纬刀穿过交叉后的上下经线　(c) 打紧纬线

图7-68　织布工艺流程之二

图7-69　昭觉街上斜纹织布的彝族妇女

(a) 组织图

(b) 结构图

(c) 剖面图

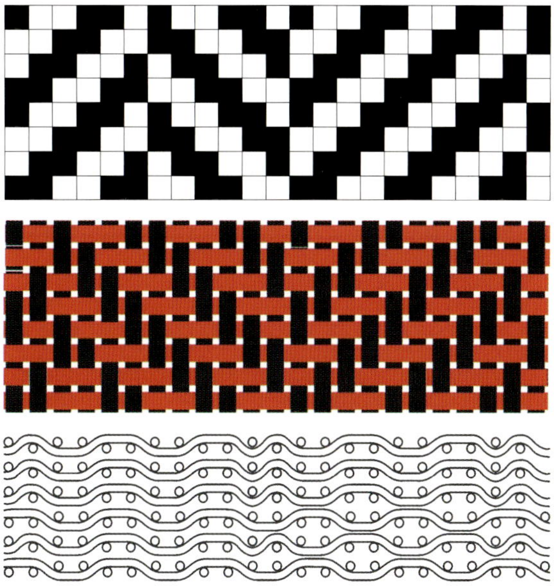

图7-70　斜纹组织图

经过 2 杆 [图 7-72(a)]，单股分别从前绕过 3 杆 [图 7-72(b)]，双股一起绕过 4 杆，再绕到 5 杆 [图 7-72(c)]，此时在 5 杆处，再将另外三根线拴在一起，挂在 5 杆上。五根经线一起从外回到 4 杆 [图 7-72(d)]。

②将五根线分成三组，其中有两组为每组两根线，另一组是一根线。先将一组两根线从前绕过 3 杆 [图 7-73(a)]，接着第二组两根线绕过 3 杆 [图 7-73(b)~(c)]，接着一根线从 3 杆前绕过 [图 7-73(e)]。按相同的方式，一组两股线从 2 杆前经过 1 杆外，在 1 杆与 2 杆之间交叉，从 2 杆里到 3 杆外，绕一圈，接着第二组两根线从 2 杆

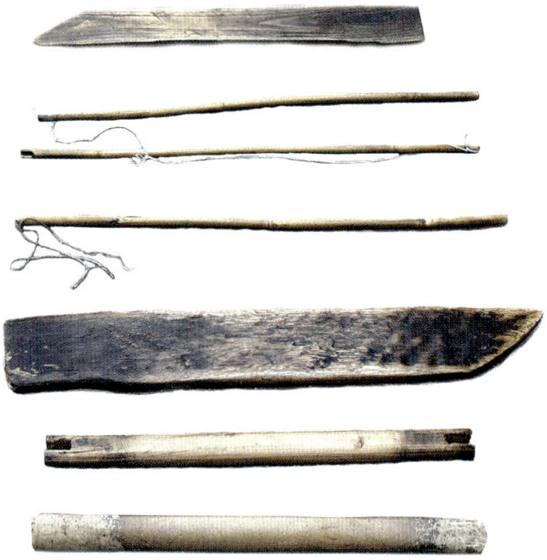

图7-71　斜纹织布工具

(a)从1杆双股打结，交叉后经过2杆，单股分别从前绕过3杆（排线人站的位置）

(b)第3杆局部

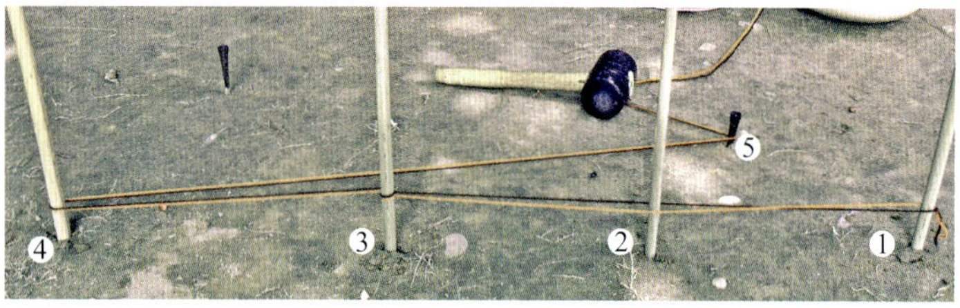

(c)双股一起绕过4杆，再绕过5杆，在5杆处再将3根线拴在一起，挂在5杆上，5根线一起从外回到4杆

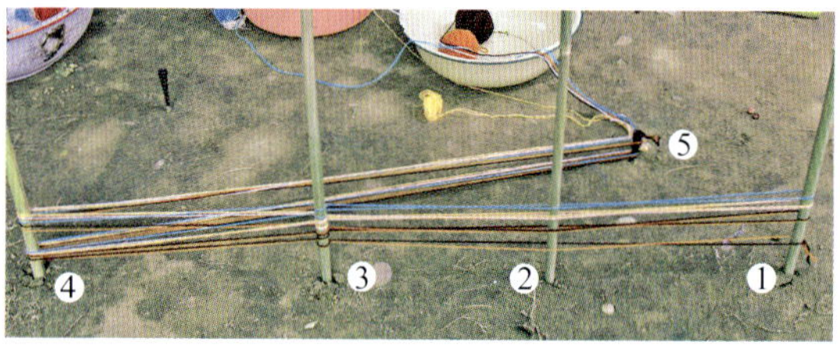

(d)将另外3根线拴在一起，挂在5杆上

(e)与图(c)相同（排线人站的位置）

(f)与图(d)相同，从排线人的右边的位置拍摄

图7-72　排经线工艺流程之一

前经过1杆外，在1杆与2杆之间交叉，从2杆里到3杆外，绕一圈。最后，是一股线以相同的方法走线［图7-73(f)、(g)］。五根经线从3杆一起，经过4杆，从里向外绕过5杆，回到4杆，再一次重复前面3杆的步骤［图7-73(h)、(i)］。最后将五根线一组两根、一组三根在5杆处打结［图7-73(j)］。将5杆处的经线拴起来［图7-73(l)］，将1杆和2杆处拴起来［图7-73(m)］，将1杆处穿入卷布轴，2杆处方入分经棒［图7-73(n)］，卷布轴两头拴上缚腰带，套在织布人的腰上［图7-73(o)］。

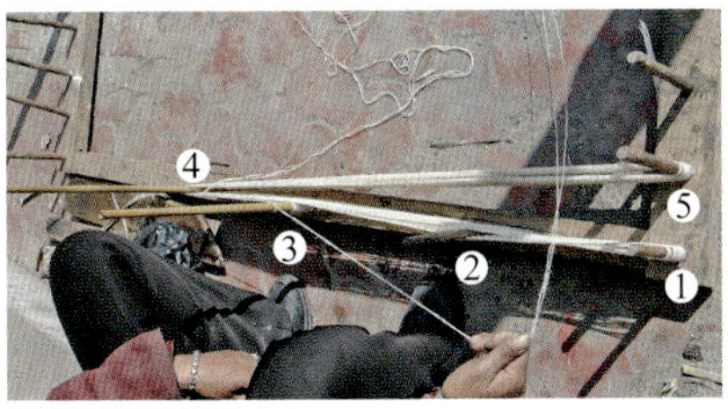

(a)先一组2根线从前绕过3杆

(b)接着第二组绕过3杆，接着单根从前绕过3杆

(c)第3杆局部（在排线的人位置拍的），第一次2根线从3杆绕过

(d)第3杆局部（在排线的人位置拍的），第二次2根线从3杆绕过

(e)第3杆局部（在排线的人对面拍的），第三次1根线从3杆绕过

(f)两股一起分别从2杆前经过1杆外，在1杆与2杆之间交叉，从2杆里到3杆外，绕一圈，以相同的方法，最后是一股

(g)与图(f)相同，3杆处的局部

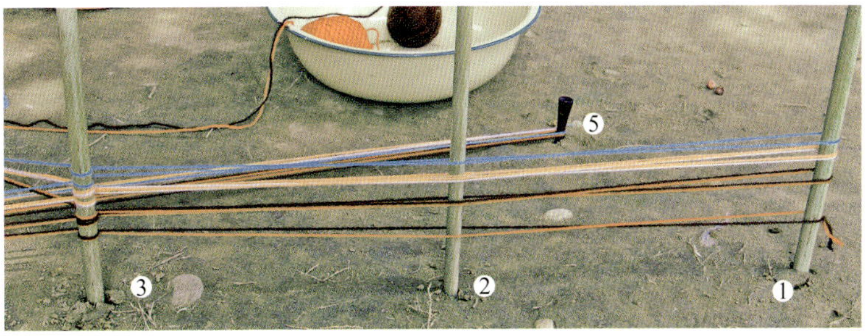

(h)五根经线从3杆一起，经过4杆，从里向外绕过5杆，回到4杆，重复前面3杆的步骤

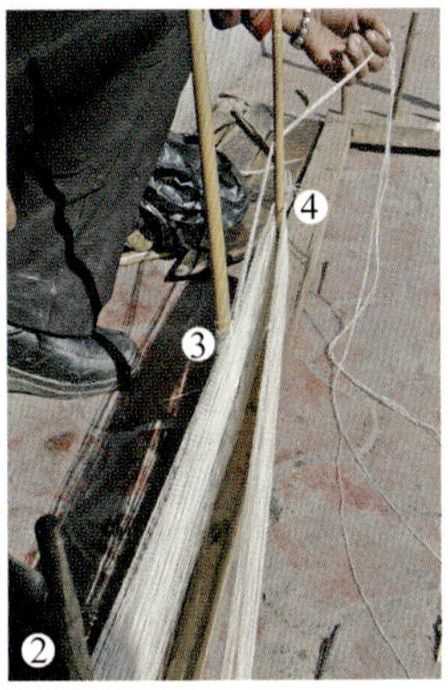

(i)图(h)的局部，从3杆5根线一起绕过4杆，到5杆

(j)最后将5根线一组2根一组3根在5杆处打结

(k)昭觉街上斜纹排经线的情景

图7-73

(l)将5杆处的经线拴起来

(m)将1杆和2杆处拴起来

(n)将1杆处穿入卷布轴，2杆处方入分经棒

(o)卷布轴两头拴上缚腰带，套在织布人的腰上

图7-73　排经线工艺流程之二

（2）编筘

①在卷布轴的经线之间放入纬刀［图7-74(a)］，将一根结实的棉线从织口穿过，打一个圈结套在左手的中指和无名指上［图7-74(b)］，在纬刀的上面，分经棒的下面，第一次提一股线，第二次提两股线两次，在手指上左右挂线［图7-74(c)、(d)］，一次单股，两次双股拿线［图7-74(e)］，最后一根是单股挑线［图7-74(f)］，在头上打一个线圈［图7-74(g)］，将左边拴好线的筘从线圈中穿过［图7-74(h)］，然后在筘的右边将线拴在筘上。

(a)在卷布轴的经线之间放入纬刀

(b)将一根结实的棉线从织口穿过，打一个圈结套在左手的中指和无名指上

(c)第一次提1股线，第二次提2股线两次，在手指上左右挂线

(d)图(c)的局部，左手的套法

(e)一次单股，两次双股拿线

(f)最后一根是单股挑线

(g)在头上打一个线圈

(h)将左边的筘从线圈中穿过

图7-74　编筘工艺流程之一

②筘与分经棒一起滚压，上下经线交叉［图7-75(a)］，取纬刀［图7-75(b)］，纬刀穿过交换过的上下经线［图7-75(c)］，用纬刀将经线在卷布轴处打紧［图7-75(d)］，用左手的食指第一次拿一股经线［图7-75(e)、(f)］，第二次拿两股放在无名指和小指上［图7-75(g)］，这样每次两股反复拿［图7-75(h)］，最后拿的是单股［图7-75(i)］，将两根结实的棉线从右边穿过手指［图7-75(j)］，在左边各打一个圈结，分别套在手指上［图7-75(k)］，第一次一根线［图7-75(l)］，然后每次两根交叉拿线左右套在手指上［图7-75(m)］，如此反复进行［图7-75(n)］，最后挑的是一根线［图7-75(o)］，在头上分别打一个圈结各套在手指上［图7-75(p)］，将两根筘分别穿过线圈［图7-75(q)、(r)］，各用一根棉线拴在筘的两端，防止线的脱离［图7-75(s)］。

(a)筘与分经棒一起滚压，上下经线交叉

(b)取纬刀

(c)纬刀穿过交换过的上下经线

(d)用纬刀将经线在卷布轴处打紧

(e)用左手的食指第一次拿一股经线

(f)图(e)的局部

(g)第二次拿两股放在无名指和小指上

(h)这样每次两股反复拿

(i)最后拿的是单股

图7-75

(j)将两根结实的棉线从右边穿过手指

(k)在左边各打一个圈结，分别套在手指上

(l)第一次一根线

(m)然后每次两根交叉拿线左右套在手指上

(n)如此反复进行

(o)最后挑的是一根线

(p)在头上分别打一个圈结各套在手指上

(q)将两根筘分别穿过线圈

(r)与图(q)相同

(s)各用一根棉线拴在筘的两端，防止线的脱离

图7-75　编筘工艺流程之二

（3）**织布**

将编好的三个筘，从织布者面前按1~3编好顺序。

①三个筘的上下经线平行，取小刀，压分经棒［图7-76(a)］，提第一筘，上下经线交换［图7-76(b)、(c)］，小刀穿过交叉后的上下经线［图7-76(d)］，左手提第一筘，上下经线交换［图7-76(e)］，右手用大刀压第二筘［图7-76(f)］，取大刀［图7-76(g)］，大刀穿过上、下经线［图7-76(h)］，大刀打紧交换后的经线［图7-76(i)、(j)］，立起大刀，打开织口［图7-76(k)］，从右至左投第一次纬线［图7-76(l)］，用大刀打紧纬线［图7-76(n)］。

②小刀和第一、第二筘一起压，上下经线交［图7-77(a)］，取大刀，大刀穿过交换后的上、下经线［图7-77(b)］，大刀打紧经线［图7-77(c)］，竖立起大刀使织口打开［图7-77(d)］，从左边投过纬线［图7-77(e)］，用大刀打紧纬线［图7-77(f)］。

(a)三个筘的上下经线平行，取小刀，压分经棒

(b)提第一筘，上下经线交换

(c)与图(b)相同

(d)小刀穿过交叉后的上下经线

(e)左手提第一筘，上、下经线交换

(f)右手用大刀压第二筘

(g)取大刀

(h)大刀穿过上、下经线

(i)大刀打紧交换后的经线

(j)与图(i)相同

(k)立起大刀，打开织口

(l)从右至左投第一次纬线

(m)与图(l)相同

(n)用大刀打紧纬线

图7-76 织布工艺流程之一

(a)小刀和第一、第二筘一起压，上下经线交

(b)取大刀，大刀穿过交换后的上下经线

(c)打紧经线

(d)竖立起大刀使织口打开

(e)从左边投过纬线

(f)用大刀打紧纬线

图7-77 织布工艺流程之二

③右手取小刀，用小刀压第一筘，提起中间的第二筘[图7-78(a)]，上、下经线交换，小刀穿过上、下经线[图7-78(b)、(c)]，小刀与第一筘一起压[图7-78(d)]，使上、下经线交换[图7-78(e)]，取大刀穿过[图7-78(f)]，打紧经线[图7-78(i)]，立起大刀打开织口[图7-78(j)]，投纬线[图7-78(k)]，身体向后拉紧经线幅面，大刀打紧纬线[图7-78(l)]。

④第三筘与分经棒一起压[图7-79(a)]，上、下经线交换，取小刀，穿过上、下经线[图7-79(b)]，小刀与第二筘和第一筘一块压[图7-79(c)]，上、下经线交换，取大刀[图7-79(d)]，穿过交换后的经线[图7-79(e)]，打紧交叉后的经线[图7-79(f)]（腰绷紧经线幅面），立起大刀打开织口，投纬[图7-79(h)]，打纬[图7-79(i)]。以此循环往复织造[图7-79(j)]。

(a)小刀压第一筘，提中间的第二筘

(b)小刀穿过上、下经线

(c)与图(b)相同

(d)小刀与第一筘一起压

(e)上、下经线交换

(f)取大刀穿过

(g)与图(f)相同

(h)与图(g)相同

(i)打紧经线

(j)打开织口

(k)投纬线

(l)打紧纬线

图7-78 织布工艺流程之三

(a)第三筘与分经棒一起压　(b)取小刀穿过经线　(c)小刀与第二筘和第一筘一块压

(d)取大刀　(e)穿过经线　(f)打紧经线

(g)与图(f)相同　(h)打开织口投纬　(i)打纬　(j)最后效果

图7-79　织布工艺流程之四

凉山各地织布的情景：美姑斜纹织布（图7-80），美姑“羊毛会”现场表演斜纹织布（图7-81）。

图7-80　美姑斜纹织布

图7-81　美姑“羊毛会”现场表演斜纹织布

第二节　凉山彝族草木染

草木染，亦称植物染，采用天然植物如中药材、花卉、蔬菜、茶叶制成染料，为织物染色。蓝染、扎染、蜡染、蓝印花布等均属此类。草木染取法自然，无污染，染出的织物色泽纯净柔和，散发草木清香。初经水洗，虽略有褪色，但正如岁月漂洗后的颜色，有一种宁静的、生活的味道。

一、草木染的渊源

最初的草木染文化和技艺是怎样开始的？从"染"字结构看，它由水、木、九组成。因古代染料多来源于草本植物，故从木；染料须加工成液体，故从水；染需反复进行，故从九。原来"染"字就是"草木染"的整个工艺过程的概括。

早在四五千年前的新石器时代，我们的祖先在无意中发现，山野中满山遍野植物的花、果、根、茎、叶、皮经水浸渍后可提取染液。之后在漫长的实践过程中，先人逐步掌握了植物染料的提取和染色技术。轩辕黄帝时代已开始用草木之汁染色制衣。到了周代植物染形成一定规模，宫廷中设有专职官"染人"掌"染草"之职。秦汉时染色已基本采用植物染料，形成独特的风格。色彩也越来越丰富，东汉《说文解字》中有 39 种色彩名称。《荀子·劝学篇》中"青，取之于蓝，而青于蓝"可谓路人皆知，但恐大多数只知其表，不知其意：其实就是指用蓝草制成的靛蓝，可染出更青的颜色来。草木染在唐朝已达到鼎盛，成为当时社会最主要的染色技术方法。大量经草木染色的色彩绚丽的丝绸织物，通过举世闻名的"丝绸之路"，远销到中亚、西亚、地中海和欧洲，铸就了古代中国丝绸的辉煌。明代《天工开物》《天水冰山录》则记载有 57 种色彩名称，到了清代的《雪宧绣谱》已出现各类色彩名称共计 704 种。

我国古代使用的主要植物染料：红色类有茜草、红花、苏枋；黄色类有荩草、栀子、姜金和槐米；蓝色类有鼠李；黑色类有皂斗和乌桕，等等。它们经由媒染、拼色和套染等技术，可变化出无穷的色彩。

二、凉山彝族草木染工艺

生活在大凉山的彝族人很早就探索出了利用植物染色方法对羊毛制品和服饰品进行染色的技艺，并在长期的生活生产实践中，掌握了各类染料的种植、制作、提取、染色等工艺技术。据资料查阅，黑色用马桑树、漆树皮和叶熬煮，再用过滤的汁水煮沸或浸泡于织物上，然后用水冲洗干净即成，颜色经久不变。红色用一种叫"屋"的树根研磨成粉与核桃树叶混合煮染织物两三次，直到色艳为止。在昭觉地区曾经有过"泥染"工艺，现今已经失传，但留存下来有用泥染染成的衣物，大致工艺是：取"湿地"沼泽中植物腐烂的深黑色的泥和水，煮开后放入衣物，一起熬煮和浸泡，直到将衣物染成深灰或黑浊色为止。在布拖等地，至今还保留着完整而系统的草木染种植和加工工艺，他们用于染"察尔瓦"或百褶裙的植物染料是一种像"板蓝根"的染色植物，彝语称"傀"，有些地区也叫"柯"，下面着重介绍傀和傀染的工艺流程。

（一）傀的种植

每年春季（约 3 月初）下种或栽苗（图 7-82），种植的土地要求肥沃，最后将化肥和家禽肥一块使用，因傀喜好干燥，需将土地整培成一行行的垄。

8 月中、下旬收割，因为只有叶子和嫩尖才含有染色药汁，所以只割植物的上半部分和叶子（图 7-83），留下植物的茎继续发芽（图 7-84），约 15 天以后可把新发出的嫩叶摘下再用。

（二）傀染料的加工

彝族人民在长期实践中，已逐渐摸索出种植和存放傀的关键技术，从而打破了傀染布的季节限制。每年的 8 月底是傀的收割季节，将割下的傀尖和叶子切成小段后，在坝子上摊晒至半干，随后放入竹筐或桶中进行渥堆，等到傀发酵腐烂后将其用木棍捣碎，然后团成单个的饼或块晾干以备染衣裙时用（图 7-85、图 7-86）。

图7-84　傀9月开桃红色花，结籽

图7-82　傀的幼苗（严薇摄）

图7-85　团成块的傀（严薇摄）

图7-83　傀收割后茎继续发叶

图7-86　散状的傀（严薇摄）

（三）傀的染色工艺

将水烧开，根据所染衣裙的多少，取一定量的傀饼，将其掰成小块放入开水中泡开，按比例加入一定量的木炭灰（约 3 碗），加火煮开后让傀浸泡 3 天左右，使植物里的染药完全渗出，如将手伸入染中，能将手染成蓝色（图 7-87），染料浓度才算够。然后将裙子放入染汁中反复翻转，让染液能均匀地浸泡并完全淹没衣物，经过 7~10 天，使裙子染的蓝色达到要求后取出，用清水洗去杂物和浮色阴干即可。一条手工织的羊毛百褶裙约需 10 市斤左右的干傀。

图7-87　将傀的叶汁揉在手上不易洗净

（四）傀染风格

用傀染色后的百褶裙呈现出沉静、安详、厚重的深蓝色，经曝晒和水洗后色彩仍能保留长久。现今彝族姑娘穿着傀染的裙子已经是一件很奢侈的享受，一大片土地栽种傀大半年时间，只够染成一条裙子，若用其种粮食、蔬菜或洋芋足够一家人吃一段时间的了。

（五）草木染的优良性

其一，变幻的自然色泽。傀取材于高川植物，因季节、时间、气候、地域等各种因素，使染后的衣物呈现出不同色相的深蓝色，没有绝对的重复。其二，植物自有的沉静安详气质，兼有的药用避邪功能使衣物独具感染力和亲和力。其三，草木染给予人类的是植物纯净的材质，让肌肤自由的呼吸，使身体回归自然，留给地球的是人与自然的良性循环。总之真正的草木染，是借助植物本身的力量和神奇，顺应自然四季变化，依节令时令行事，染出来的服装颜色，才是具有生命力、活的草木染。

随着现代社会的发展，科技的进步，环境的恶化，人们的生活逐渐远离了最初的宁静与自然，变得日益浮躁与不安。而与人类肌肤最亲近的衣物，也在化学染成的衣物靓丽的外表下，使人们忘却其对健康的伤害，衣服失掉了最初的自然本色。凉山地区沿用了几千年的草木染，面临传统染色技艺断层的危机，对草木染知者甚少，现在凉山只有布托地区尚有种植傀和使用傀染这种古老的染色技艺，而其他彝区早就开始使用化纤染料进行衣物的染色了。凝聚了彝族无数先人经验、智慧和传统文化的草木染技艺，即将失传，实在令人扼腕叹息。但令人欣喜的是，如今社会繁杂，人们渴望回归自然、追求纯真而简朴的生活方式和理念，环保的植物染已引起越来越多人的关注和喜爱。相信取之于自然，还于自然的草木染必将在凉山彝族服饰文化中传承下去。

参考文献

[1] 钟茂兰，范朴．中国少数民族服饰 [M]．北京：中国纺织出版社，2006.

[2] 张瑛．西南彝族服饰文化历史地理 [M]．北京：民族出版社，2005.

[3] 郑巨欣．染织与服装设计 [M]．上海：上海书画出版社，2000.

[4] 郭于华．仪式与社会变迁 [M]．北京：社会科学文献出版社，2000.

[5] 郭振华．中国古代人生礼俗文化 [M]．西安：陕西人民教育出版社，1998.

[6] 费孝通．中华民族多元一体格局 [M]．北京：中央民族大学出版社，1999.

[7] 高春明．中国服饰名物考 [M]．上海：上海文化出版社，2001.

[8] 巴莫曲布嫫．神图与鬼板 [M]．南宁：广西人民出版社，2004.

[9] 汪玢玲．中国的婚姻史 [M]．上海：上海人民出版社，2001.

[10] 李宏复．枕的风情——中国民间枕顶绣 [M]．昆明：云南人民出版社，2005.

[11] 方光华．俎豆馨香——中国祭祀礼俗探索 [M]．西安：陕西人民教育出版社，2000.

[12] 凉山彝族自治州博物馆．凉山彝族文物图谱 [M]．成都：四川民族出版社，1983.

[13] 安毓英，束汉民．服装美学 [M]．北京：中国轻工业出版社，2001.

[14] 陈顾远．中国婚姻史 [M]．湖南：岳麓书社，1998.

[15] 马学良．彝族文化史 [M]．上海：上海人民出版社，1989.

[16] 戴平．中国服饰文化研究 [M]．上海：上海人民出版社，2000.

[17] 戴平．中国民族发饰 [M]．成都：四川民族出版社，1999.

[18] 普学旺．中国黑白崇拜文化 [M]．昆明：云南民族出版社，1997.

[19] 漾源．中国少数民族服饰图典 [M]．北京：大众文艺出版社，1999.

[20] 杜若甫，叶付升．中国的民族 [M]．北京：中国科学出版社，1994.

[21] 李肖冰．中国西域民族服饰研究 [M]．乌鲁木齐：新疆人民出版社，1995.

[22] 中国彝族服饰画册编写组．中国彝族服饰 [M]．北京：北京工艺美术出版社，1990.

[23] 李春生．中国少数民族头饰文化 [M]．北京：人民画报社，2002.

[24] 华梅．人类服饰文化学 [M]．天津：天津人民出版社，1995.

[25] 罗微．古代汉族女性服饰研究 [D]．北京：中央民族大学美术学院，2003.

后记

我是在浑然不觉的状态下渐渐被凉山彝族服饰上承载的生命气息和艺术魅力所感染，他们服饰上绚丽而古朴的色彩、多姿的纹样、丰富奇特而古老的工艺等魅力和彝族妇女在服饰上手工劳作的文化心灵价值，深深地打动和吸引了我，使我萌动了写这本书的想法。经过四年多的知识储备、田野考察、资料收集，终于于 2007 年底开始着手写作。在写作的整个过程中最深的感悟是：不是我在写书，而是书在写我，更确切地说是我与书结伴而行。

在写作过程中我的导师中央美术学院的许平教授、董梅老师、攀枝花学院的代俊教授在书的结构布局等方面提出了宝贵的意见和建议；好友代俊教授在书的文字、内容等方面不遗余力地给予了帮助和指导，好友郭美情友情帮助修改和校对书稿，好友杨芬在书的封面设计和排版方面大力相助，使我受益匪浅。另外，在凉山各地的田野考察过程中，美姑的阿牛史日老师、昭觉中学的丁建华老师和西昌的阿瑟在资料收集等方面都给予了大力支持和帮助。在此，我谨向所有给予支持和帮助的老师和朋友们致以衷心的感谢和真诚的祝福！